Fuchs – Freiwald

Allgemeine und Anorganische Chemie

Joachim Fuchs
Wilfried Freiwald

Allgemeine und Anorganische Chemie

Einführung in die Grundlagen
für Mediziner, Naturwissenschaftler
und Chemie-Nebenfächler

W DE G

1972
Walter de Gruyter · Berlin · New York

Joachim Fuchs, Prof. Dr. rer. nat.
Wilfried Freiwald, Dipl.-Chem.
Institut für Anorganische Chemie der Freien Universität Berlin

ISBN 3 11 004243 6

Vorwort

Dieser „Lerntext" ist weder ein Ersatz für ein Lehrbuch noch für den Besuch einer Vorlesung, er soll in kürzester, aber verständlicher Form die wichtigsten Tatsachen, Begriffe und Zusammenhänge darstellen. Der Text ist aus dem Manuskript einer Vorlesung für Studenten im ersten Semester hervorgegangen. Daraus resultiert sein Aufbau.

Nach allgemeinen Kapiteln über Atomaufbau und Periodensystem wird die Chemie der Elemente, geordnet nach Gruppen des Periodensystems, besprochen. Auf eine ganz strenge Systematik in diesem Sinne wird an einigen Stellen verzichtet, um ein Grundprinzip wahren zu können: alle Eigenschaften und Reaktionen sollen mit Hilfe der jeweils behandelten theoretischen Grundlagen anschaulich verständlich sein. Kapitel aus der allgemeinen und physikalischen Chemie werden bei der Behandlung prägnanter Beispiele eingestreut. Vor jedem Abschnitt ist ein Stichwortverzeichnis aufgeführt, das auf der linken Blattseite Stichworte zur anorganischen, auf der rechten Blattseite zur allgemeinen und physikalischen Chemie enthält. Es kann beim Lernen und Wiederholen des Stoffes zur Selbstüberprüfung herangezogen werden.

Es sei noch bemerkt, daß einer "anschaulichen" Erklärung Grenzen gesetzt sind. Naturwissenschaftliche Erkenntnis bedeutet nicht, daß man alle Vorgänge und Erscheinungen auf gewohnte anschauliche Bilder projizieren kann, sondern daß man sie mathematisch zu beschreiben vermag. Auf eine exakte mathematische Behandlung muß jedoch zwangsläufig verzichtet werden, da die Beschreibung z.B. des Atommodells oder der chemischen Bindung zu umfangreiche mathematische Kenntnisse erfordert. Der Versuch, alles zu veranschaulichen, birgt die Gefahr, wissenschaftlich unexakt zu werden. Wir hoffen, die richtige Grenze zwischen Anschaulichkeit und wissenschaftlicher Exaktheit einzuhalten.

Unseren Kollegen, den Herren Prof. Dr. Udo Engelhardt, Prof. Dr. Werner Schulze und Prof. Dr. Günter Wiese danken wir für wertvolle Hinweise und Anregungen.

Berlin, August 1972

Joachim Fuchs

Wilfried Freiwald

1.) Die Methodik der Naturwissenschaften

Grundlage jeder naturwissenschaftlichen Erkenntnis sind Beobachtungen, entweder natürlicher Vorgänge oder gezielter Experimente. Läßt der Vergleich verschiedener Beobachtungen einen Zusammenhang erkennen, so formuliert man diesen Zusammenhang als Gesetz. Ein Gesetz gibt also nur eine Beschreibung von Vorgängen oder Erscheinungen, aber keine Erklärung. Findet man für die durch Experimente gewonnenen Fakten eine Erklärung, so bezeichnet man sie als Hypothese. Die Hypothese ist ein äußerst wichtiges Arbeitsmittel des Naturwissenschaftlers. Sie bringt die Ideen, welche Experimente man durchführen kann, um sie zu bestätigen, zu verfeinern oder aber zu widerlegen. Wird eine Hypothese immer wieder bestätigt, so reift sie zur Theorie.

2.) Zur Didaktik der Naturwissenschaften

Für die Didaktik ergeben sich zwei prinzipiell unterschiedliche Wege:

1. in Anlehnung an die naturwissenschaftliche Methodik eine Entwicklung der Erkenntnisse aus experimentellen Ergebnissen in weitgehend historischer Folge. Dieser Weg ist sehr gründlich, aber äußerst zeitraubend.
2. eine Beschreibung der wichtigsten modernen Theorien (ohne Beweis) und nachfolgend eine Erklärung der wichtigen Fakten auf dieser Grundlage. Im Bereich der Chemie läßt sich der größte Teil der Eigenschaften der Stoffe und ihrer Reaktionen mit Hilfe des modernen Atommodells und des Periodensystems erklären und verstehen.

Der „Lerntext" folgt weitgehend dem 2. Wege. Damit das Atommodell jedoch nicht ganz ohne Beweis im Raum steht, werden zunächst in historischer Folge die wichtigsten Beobachtungen und Gesetzmäßigkeiten behandelt, die zum Existenznachweis des Atoms und zu den Erkenntnissen über den Aufbau des Atoms geführt haben.

3.) Literaturhinweise

H.R. Christen
Chemie

H.R. Christen
Grundlagen der allgemeinen und anorganischen
Chemie (für Anspruchsvolle)

L. Pauling
Chemie - eine Einführung

M. Schmidt
Anorganische Chemie I

H. Kaufmann, L. Jecklin
Grundlagen der anorganischen Chemie

F. Seelich, E. Gründig
Allgemeine Chemie für Mediziner und Biologen

Holleman-Wiberg
Lehrbuch der anorganischen Chemie

A. Atombau

1. Historische Entwicklung beim Existenznachweis des Atoms:

der Elementbegriff - Gesetz von der Erhaltung der Masse - Gesetze der konstanten und multiplen Proportionen - Daltons Atomhypothese - relative Atomgewichte -

Man hat sich schon sehr frühzeitig mit der Frage beschäftigt, was wohl geschieht, wenn man einen Stoff immer weiter zerkleinert. Prinzipiell gibt es zwei Möglichkeiten: Die Materie könnte kontinuierlich aufgebaut sein oder auch diskontinuierlich, d.h. aus kleinsten, gleichartigen Bausteinen bestehen. Die letztere Auffassung wurde z.B. von Leukippos und seinem Schüler Demokrit vertreten: von ihnen stammt der Name Atom , Atom als die kleinste, unteilbare Einheit der Materie.

Durch Experimente wurde im Laufe der Jahrhunderte festgestellt, daß die Zerlegung, die Analyse, der Materie zu einer begrenzten Anzahl von Stoffen führt, die sich selbst nicht weiter zerlegen lassen. Für diese Stoffe setzte sich allmählich der Name "Elemente" durch. 1661 gab Boyle eine Definition für den Begriff "chemisches Element":

> "Ein chemisches Element ist ein Stoff, der mit chemischen Mitteln nicht mehr zerlegt (analysiert) werden kann."

Ein ganz wichtiger Markstein in der Geschichte der Chemie waren dann Versuche, die Lavoisier 1777 - 1785 durchführte. Sie führten zum Gesetz der Erhaltung der Masse:

> "Bei einer chemischen Reaktion ist die Masse der Ausgangsstoffe gleich der Masse der Endprodukte."

Dieses Gesetz ist für chemische Reaktionen praktisch absolut gültig und Grundlage jedes chemischen (stöchiometrischen) Rechnens, obwohl man heute dank der Forschung A. Einsteins weiß, daß eine Beziehung zwischen Energie und Masse besteht, $E = m \cdot c^2$ (c = Lichtgeschwindigkeit = $3 \cdot 10^{10}$ cm/sec). Da jede chemische Reaktion mit einem Energieumsatz verbunden ist, tritt theoretisch dabei eine Massenänderung auf, z.B. bei einer chemischen Reaktion mit sehr hohem Energieumsatz, bei der Verbrennung von 1000 g Nitroglyzerin werden 1900 kcal, das sind $8 \cdot 10^{13}$ erg, frei. Die dieser Energie entsprechende Masse ist:

$$m = \frac{E}{c^2} = \frac{8 \cdot 10^{13}\ [\text{erg}]}{9 \cdot 10^{20}\ [\text{cm}^2/\text{sec}^2]} = 0{,}89 \cdot 10^{-7}\ \text{g}$$

Dieser kleine Massenverlust ist nicht wägbar. Dagegen werden bei der Kernspaltung von 1000 g Uran 235 (Atombombe) $8{,}23 \cdot 10^{20}$ erg Energie abgegeben. Die als strahlende Energie ausgesandte Masse beträgt hier:

$$m = \frac{8{,}23 \cdot 10^{20}}{9 \cdot 10^{20}} = 0{,}915\ \text{g}$$

Bei dieser Kernreaktion ist also fast 1 ‰ der Masse in Strahlung umgewandelt worden, ein Betrag, den man nicht mehr vernachlässigen kann.

Nach der Erkenntnis, daß bei chemischen Reaktionen die Masse erhalten bleibt, hat man sich sehr intensiv mit der Frage beschäftigt, in welchen Gewichtsverhältnissen sich bei einer Verbindungsbildung die Stoffe vereinigen.

Man fand, daß einige Stoffe immer im gleichen Gewichtsverhältnis miteinander reagieren. So ist z.B. das Gewichtsverhältnis Na : Cl im Kochsalz immer 1 : 1,547 und das Gewichtsverhältnis H : O im Wasser immer 1 : 7,94. Zusammengefaßt wurden diese Untersuchungsergebnisse dann im Gesetz der konstanten Proportionen:

> "Zwei Elemente treten in einer Verbindung stets im gleichen Gewichtsverhältnis auf."

Nun weiß man aber, daß Wasserstoff und Sauerstoff nicht nur H_2O, sondern auch H_2O_2, Wasserstoffperoxid, bilden können. Ein besonders eindrucksvolles und bekanntes Beispiel für das Auftreten mehrerer Verbindungen zwischen zwei Elementen ist die Verbindungsbildung zwischen N und O. Hier sind fünf stabile Verbindungen bekannt.

Die quantitative Untersuchung solcher Verbindungsbildungen führte zum Gesetz der multiplen Proportionen:

> "Wenn zwei Elemente verschiedene Verbindungen bilden können, sind die zugehörigen Gewichtsverhältnisse stets ganzzahlige Vielfache des einfachsten Verhältnisses."

So können sich N und O z.B. in den Verhältnissen 1:0,57; 1:1,14; 1:1,71; 1:2,28 und 1:2,85 verbinden.

Die Gesetze der konstanten und multiplen Proportionen sind nicht erklärbar, wenn man einen kontinuierlichen Aufbau der Materie annimmt. Ihre Erkenntnis führte daher praktisch zwangsläufig zur Atomhypothese, die Dalton 1803 formulierte. Danach sind chemische Elemente nicht beliebig oft teilbar, sondern aus chemisch nicht mehr teilbaren und unter sich gleichen Teilchen, den Atomen, aufgebaut. Bei der Verbindungsbildung gruppieren sich Atome zu Molekülen, den kleinsten einheitlichen Teilchen einer Verbindung. Damit finden die Gesetze der konstanten und multiplen Proportionen ihre einleuchtende Erklärung.

Durch Kombination der Verbindungsgewichte konnte eine Tabelle aufgestellt werden, in der die relativen Atomgewichte der chemischen Elemente verzeichnet sind. Ursprünglich wurden diese relativen Atomgewichte auf das leichteste Atom, das man beobachtet hatte, auf das Wasserstoffatom, bezogen. Ihm wurde das Atomgewicht 1 gegeben. Z.B. folgte daraus für O ein Atomgewicht von 15,88 wegen des Gewichtsverhältnisses von H : O = 1 : 7,94 im H_2O.

Inzwischen wurde das Bezugssystem mehrmals geändert. Heute wird bezogen auf ^{12}C = 12.0000 (^{12}C = dasjenige Isotop (s. S. 19) des Kohlenstoffs mit der Massenzahl 12).

Nach der Kenntnis der relativen Atomgewichte hat man versucht, die chemischen Elemente sinnvoll zu ordnen. Neben dem Atomgewicht dienten als ordnendes Prinzip Ähnlichkeiten im chemischen Verhalten, die man bei verschiedenen Elementen beobachtet hatte. Es hatte sich gezeigt, daß man die Elemente nach steigendem Atomgewicht so anordnen kann, daß einander ähnliche Elemente übereinander stehen. Diese Möglichkeit einer sinnvollen Anordnung wurde etwa gleichzeitig von Mendelejeff und L. Meyer entdeckt (1869).

Li	Be	B	C	N	O	F		
Na	Mg	Al	Si	P	S	Cl	⟶	Perioden
K	Ca						↓	Gruppen

Da man die Reihe der chemischen Elemente, nach Atomgewicht geordnet, jeweils periodisch unterbricht, wurde diese Anordnung Periodensystem der Elemente genannt.

Man kennt heute die tieferen Ursachen für die periodisch auftretenden Ähnlichkeiten der Elemente. Sie finden ihre Erklärung im Bau der Elektronenhülle.

2. Historische Entwicklung bei der Aufklärung des Atombaus:
natürliche Radioaktivität - α-, β-, γ-Strahlen - der Rutherford-Versuch - der Kathodenstrahlversuch (Lenard) - Atomkern und Elektronenhülle - die Quantelung von Energie, Licht und Ladung - das Bohr'sche Atommodell - Deutung des Wasserstoffspektrums - die Balmer-Formel - Hauptquantenzahl - das Sommerfeld'sche Atommodell - Nebenquantenzahl

Über den Aufbau der Atome gewann man erste Erkenntnisse bei der Untersuchung natürlicher Radioaktivität. Madame Curie und Becquerel isolierten aus Uranpecherz das strahlende Radium. Es sendet drei verschiedene Arten von Strahlung aus, die als α-, β- und γ-Strahlung bezeichnet werden. Die Strahlungen lassen sich durch ihr Verhalten im Magnetfeld und im elektrischen Feld unterscheiden. Die α-Strahlung besteht aus positiv geladenen Masseteilchen (He^{2+}), die β-Strahlung aus negativ geladenen Teilchen viel geringerer Masse (Elektronen). Die γ-Strahlung ist eine energiereiche elektromagnetische Strahlung. Da die Strahlen nur den Atomen entstammen können, gibt ihre Zusammensetzung Aufschluß über Masse und Ladung von Elementarteilchen.

Im Jahre 1911 bestrahlte Rutherford eine sehr dünne Goldfolie mit α-Partikeln. Die meisten α-Teilchen gingen bei diesem Versuch ungehindert durch die Au-Folie hindurch, nur ganz wenige wurden abgelenkt.

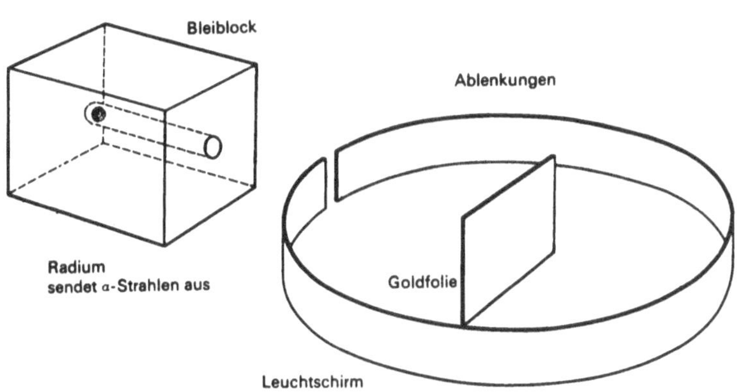

Rutherfords Apparat zur Durchführung der Streuversuche

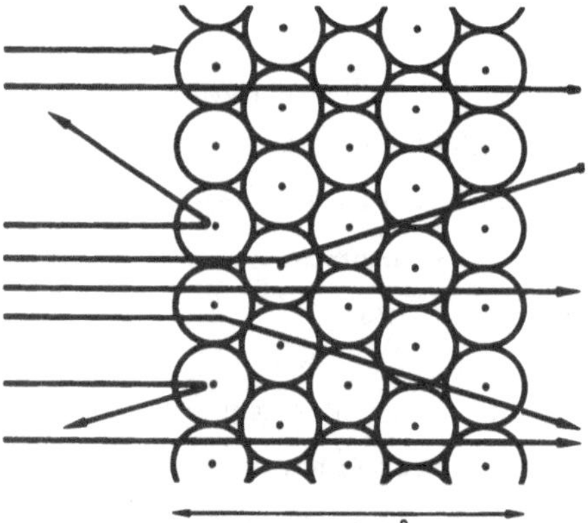

"Streuversuch" von Rutherford: Durchstrahlung einer dünnen Metallfolie mit α-Strahlen

Die abgelenkten α-Teilchen müssen also in die Nähe einer starken, ebenfalls positiven Ladung gekommen sein, die aber auf einen sehr kleinen Raum konzentriert sein muß, da ja nur ein kleiner Teil der Partikel abgelenkt wird. Rutherford zog aus diesem Ergebnis folgenden Schluß: "Das Atom besteht aus einem Kern, der die positive Ladung und fast die ganze Masse des Atoms umfaßt, und einer Hülle, welche die zur Gewährleistung der Elektroneutralität notwendige Ladung in Form von Elektronen enthält und die praktisch nichts zur Masse des Atoms beiträgt."

Rutherford gab die Größe für das Atom und den Atomkern bereits richtig an:

Atomkern ⌀ = 10^{-12} cm
Atom ⌀ = $2-5 \cdot 10^{-8}$ cm = 2-5 Å (Ångström)

Das Masseteilchen, das die negative Ladung trägt, das Elektron, hatte man bereits vorher bei physikalischen Versuchen in den sogenannten Kathodenstrahlen entdeckt. Mit Hilfe dieser Kathodenstrahlen hatte Ph. Lenard bereits 1908 ganz ähnliche Vorstellungen vom Aufbau des Atoms entwickelt. Er hatte mit Kathodenstrahlen Streuversuche an Metallfolien durchgeführt.

Eine für die Naturwissenschaften sehr wichtige Erkenntnis stammt von Max Planck. Er hatte erkannt, daß Energie, Licht und Ladung gequantelt sind, d.h., daß auch sie keine Kontinua sind, sondern daß von jedem kleinste, unteilbare Individua existieren, z.B. von der Ladung eine kleinste, unteilbare Elementarladung, die positives oder negatives Vorzeichen haben kann. Ein Elektron ist der Träger einer negativen Elementarladung. Der Kern eines Atoms enthält Bausteine, die Träger jeweils einer positiven Ladung sind, die Protonen. Jede vorkommende Ladung kann nur ein ganzes Vielfaches der Elementarladung sein. Auch Strahlung z.B. Licht, ist gequantelt. Wenn ein System Energie in Form von Strahlung abgibt, dann besteht nach Max Planck zwischen der Energie und der Strahlung die Beziehung

$$E = h \cdot \nu$$

(ν = Strahlungsfrequenz; h = Planck'sches Wirkungsquantum = $6{,}624 \cdot 10^{-24}$ [erg · sec])

Das erste Modell für ein Atom, das aus einer Verbindung der Erkenntnisse aus den Experimenten an Stoffen mit den modernen Erkenntnissen der Physik, insbesondere von Max Planck, resultiert, stammt von Niels Bohr (1913).

Wie sich aus dem Rutherford'schen Versuch ergibt, befinden sich die Elektronen in einer Hülle um den Atomkern. Betrachten wir der Einfachheit halber ein Atom, dessen Kern nur eine positive Elementarladung trägt und damit auch nur ein Elektron besitzt, das Wasserstoffatom. Nach M. Planck muß die Energie seines Elektrons gequantelt sein. Man kann sich das anschaulich so vorstellen, daß dieses Elektron um den Kern kreist, und daß es sich dabei nur auf ganz bestimmten Umlaufbahnen mit bestimmten Energiewerten bewegen kann. Man kann diese Bahnen auch als Energieniveaus betrachten.

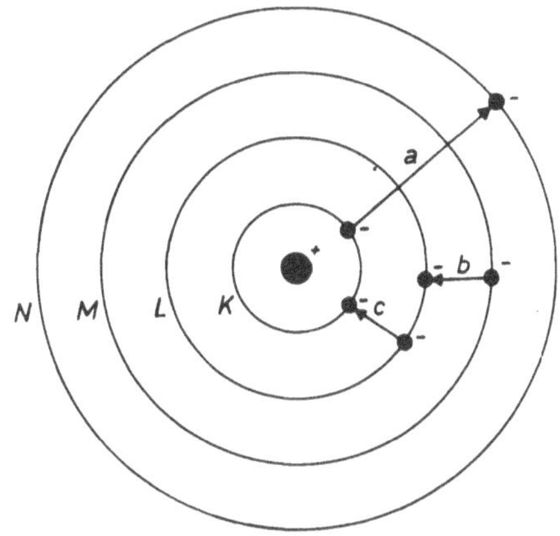

Das Wasserstoffatom

Mit Hilfe dieses einfachen Modells des Wasserstoffatoms gelang es Niels Bohr ein Phänomen zu erklären, das bereits lange bekannt war, aber mit den klassischen Gesetzen der Physik nicht gedeutet werden konnte, nämlich das Spektrum des Wasserstoffs.

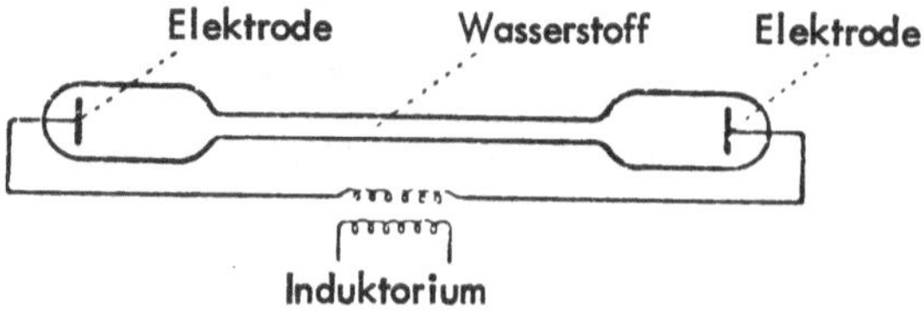

Anregung von Wasserstoff in der Plücker-Röhre

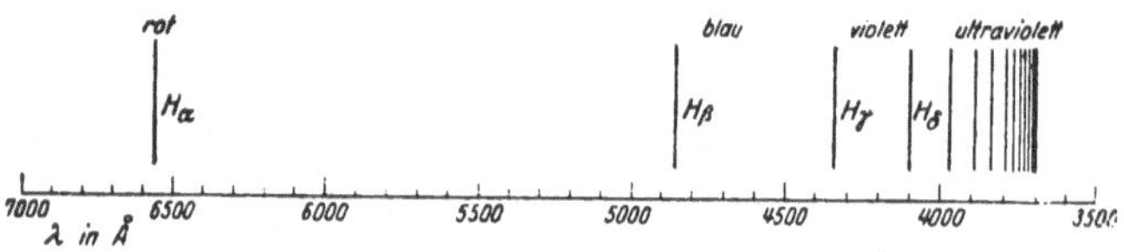

Wasserstoffspektrum (Balmer-Serie)

Balmer hatte das Spektrum genau vermessen und aus den Zahlen der Frequenzen eine Gesetzmäßigkeit abgeleitet, und zwar

$$\frac{\nu}{c} = R \cdot \left(\frac{1}{4} - \frac{1}{n^2}\right)$$

c = Lichtgeschwindigkeit
R = Rydbergkonstante
n = ganze Zahlen

Für andere Serien (z.B. Paschen-, Lyman-Serie), die später aufgefunden wurden, gilt allgemein:

$$\nu = R \cdot \left(\frac{1}{n_1^2} - \frac{1}{n_2^2}\right) \qquad n_2 > n_1$$

Aber der Grund, warum gerade diese Frequenzen im Spektrum auftreten, war unbekannt; die Bedeutung der in den Formeln auftretenden ganzen Zahlen war vom Standpunkt der klassischen Physik unerklärbar.

Das Zustandekommen der Linienspektren läßt sich nun folgendermaßen deuten: Wenn einem Atom Energie zugeführt wird, kann sie dazu benutzt werden, ein Elektron auf eine entferntere, energiereichere Bahn anzuheben, z.B. von der innersten Bahn auf die nächste oder übernächste usw.. Wenn das Elektron dann wieder auf eine dem Kern nähere Bahn zurückfällt, gibt es die Energie wieder ab, und zwar genau die Energie, die der Energiedifferenz der beiden Bahnen entspricht.

Die Spektrallinien entstehen also durch Sprünge der Elektronen auf Bahnen niedrigerer Energie nach vorhergehender Anregung.

Die in der allgemeinen Formel der Linienspektren enthaltenen ganzen Zahlen n sind die Nummern oder Hauptquantenzahlen von Bahnen. Die Bahnen werden als 1., 2., 3. usw. oder auch als K-, L-, M- usw. Bahn bezeichnet.

Es zeigte sich später, daß es notwendig ist, noch weitere Quantenzahlen einzuführen, um den Energiegehalt eines Elektrons beschreiben zu können. Sommerfeld führte deshalb im Modell anstelle von Kreisbahnen elliptische Bahnen ein, für deren Beschreibung man zwei Angaben braucht, nämlich die Angabe der beiden Halbachsen. Dieses Modell brachte die zweite Quantenzahl, die sogenannte Nebenquantenzahl l, die jedoch auch noch nicht ausreicht, um den Zustand des Elektrons voll zu erfassen.

3. Das moderne Atommodell

Aufspaltung von Spektrallinien im Magnetfeld - Unschärferelation - Aufenthaltswahrscheinlichkeit - Bedeutung der 4 Quantenzahlen - zahlenmäßige Begrenzung der Quantenzustände - Geometrie der Aufenthaltsräume - Pauli-Prinzip - Reihenfolge der Besetzung von Elektronenniveaus - Hund'sche Regel - Maximalbesetzung

Einen weiteren Schritt bei der Verbesserung des Atommodells brachten Versuche im Magnetfeld. Wenn man nämlich ein etwas komplizierteres Atom als Wasserstoff während der Aufnahmen der Linienspektren in ein Magnetfeld bringt, dann beobachtet man eine weitere Aufspaltung der Spektrallinien. Beim Wasserstoff ist eine solche Aufspaltung nicht zu beobachten. Daraus folgt bereits, daß das Bohr'sche Atommodell nicht ganz korrekt sein kann, denn wenn sich ein Elektron auf einer Kreisbahn bewegen würde, dann müßte es sich im Magnetfeld ausrichten. Es lägen ja die gleichen Verhältnisse wie in einer stromdurchflossenen Kreisspule vor, die sich im Magnetfeld ausrichtet.

Man muß also den Schluß ziehen, daß die Ladung des Elektrons beim Wasserstoff in Wirklichkeit kugelsymmetrisch verteilt ist. Der Aufenthaltsort des Elektrons ist also nicht eine Kreisbahn, sondern eine Kugelschale, besser ein kugelförmiger Raum, den man treffend als Elektronenwolke bezeichnen kann.

Man weiß heute, daß es unmöglich ist, den Ort anzugeben, an dem sich ein Elektron zu einem bestimmten Zeitpunkt aufhält, eine exakte Beschreibung seines Bewegungsablaufs ist theoretisch unmöglich. Diese Erkenntnis stammt von Heisenberg (Unschärferelation). Möglich sind nur statistische Angaben. Man kann aussagen, mit welcher Wahrscheinlichkeit sich ein Elektron in einem bestimmten Raumelement in der Nähe eines Kernes aufhält, bzw. für jeden Ort in Kernnähe eine Wahrscheinlichkeit angeben, mit der das Elektron dort anzutreffen ist.

Aus der Aufspaltung der Spektrallinien komplizierterer Atome weiß man, daß die Wahrscheinlichkeitsräume des Elektrons, die man auch als orbitals oder eingedeutscht als Orbitale bezeichnet, nicht immer kugelsymmetrisch sind. Die Orbitalzeichnungen in den folgenden Abbildungen zeigen die Konturen des Raumes, in dem 90 % der Gesamtladung des jeweiligen Elektrons verteilt sind.

Man weiß jetzt, daß insgesamt 4 Quantenzahlen notwendig sind, um den Energieinhalt und den wahrscheinlichsten Aufenthaltsraum jedes Elektrons angeben zu können. Diese 4 Quantenzahlen beschreiben das Elektron etwa so, wie man den Inhalt einer Küvette durch die Angabe ihrer Länge, Höhe und Breite beschreiben kann.

Für diese 4 Quantenzahlen gibt es nun zum einen bestimmte Namen, zum anderen kann man ihnen einen gewissen anschaulichen Sinn zuordnen.

Die Hauptquantenzahl bezeichnet man mit dem Buchstaben n. Sie beschreibt gewissermaßen den Abstand des Raumes, in dem sich ein Elektron mit großer Wahrscheinlichkeit aufhält, vom Kern. Allerdings ist dieser Abstand zu n nicht proportional. n kann die ganzzahligen Werte 1, 2, 3 usw. annehmen.

Die 2. Quantenzahl wird mit l bezeichnet. Aus bestimmten Regeln der Quantenmechanik folgt, daß l für ein vorgegebenes n nur ganz bestimmte Werte annehmen kann. l kann höchstens den Wert (n - 1) annehmen. Das heißt also, daß für ein Elektron mit der Hauptquantenzahl n = 1 l = 0 ist. Für ein Elektron mit n = 2 kann l die Werte l = 0 und l = 1 annehmen, für ein Elektron mit n = 3 die Werte l = 0, 1 oder 2.

Auch für die Elektronen mit bestimmten Nebenquantenzahlen l gibt es aus Gründen der Zweckmäßigkeit bestimmte Namen:

l = 0 s-Elektronen	l = 1 p-Elektronen
l = 2 d-Elektronen	l = 3 f-Elektronen

Die anschauliche Bedeutung der Nebenquantenzahl l: Während bei s-Elektronen, d.h. also, wenn l = 0 ist, die Ladung kugelsymmetrisch verteilt ist, gilt dies nicht für p-, d- oder f-Elektronen.

Die Nebenquantenzahl l gibt nämlich die Zahl der Knotenebenen senkrecht zu einer Symmetrieachse an, in denen sich das Elektron nicht aufhalten kann, weil es um diese Ebene schwingt.

Die p-Elektronenwolke und die d-Elektronenwolke haben folgendes Aussehen:

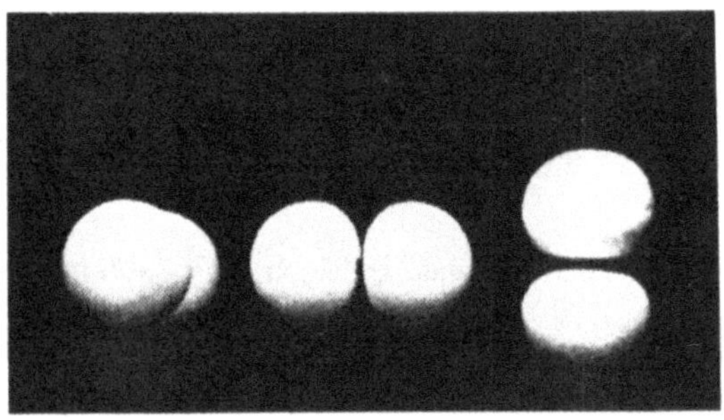

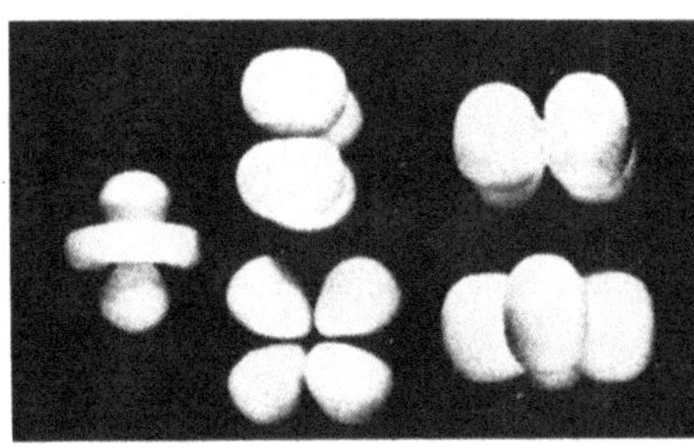

M

L

K

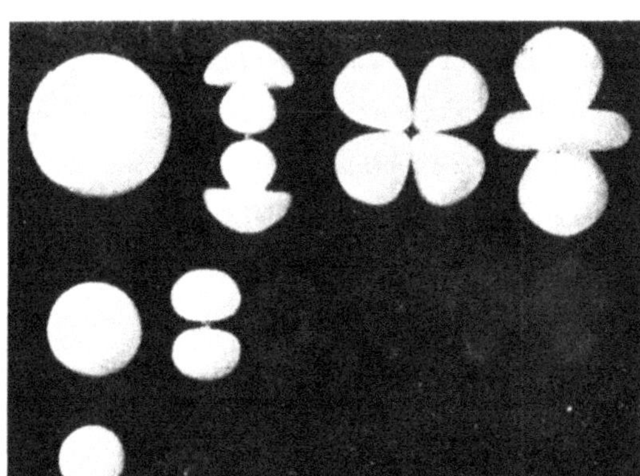

s p d dz^2

s-, p-, d-Elektronen

Die Modelle zeigen auch gleich, welche anschauliche Bedeutung man der 3. Quantenzahl geben kann, die normalerweise als magnetische Quantenzahl m bezeichnet wird. Sie bezieht sich auf die räumliche Ausrichtung der Orbitale. So haben die 3 p-Orbitale die Anordnung im Raum, die in der Abbildung der p-Elektronen zu sehen ist.

Die Orte größter Aufenthaltswahrscheinlichkeit für die p-Elektronen können auf den Achsen eines kartesischen Koordinatensystems untergebracht werden, man unterscheidet daher auch p_x, p_y- und p_z-Elektronen, für die m die Werte - 1, 0 und + 1 annehmen kann.

Etwas komplizierter ist es bei den d-Elektronen, von denen es, je nach der Ausrichtung ihrer Orbitale im Raum, 5 Sorten gibt. Aber auch sie können verhältnismäßig leicht bezeichnet werden.

3 (dxy, dxz, dyz) zwischen den Koordinatenachsen, $dx^2 - dy^2$ auf den x- und y-Koordinatenachsen, dz^2 mit besonderer Form der Elektronenwolke. Auch die Zahl der möglichen d-Zustände ist also begrenzt.

Während für die Quantenzahl l die schon genannte Beziehung

$$l = n - 1 \qquad (a)$$

gilt, besteht für m die Beziehung

$$m = 2l + 1 \qquad (b) \quad *$$

Die Zahl der m-Zustände ist also für ein s-Elektron = 1 (m = 0) für ein p-Elektron = 3 (m = -1, 0, +1), für ein d-Elektron = 5 (m = -2, -1, 0, +1, +2) und für ein f-Elektron = 7 (m = -3, -2, -1, 0, +1, +2, +3).

Um die Eigenschaften sämtlicher Elektronen eines Atoms beschreiben zu können, ist noch die Angabe der 4. Quantenzahl, der sogenannten Spinquantenzahl s , notwendig. Hier genügt die Vorstellung, daß sich das Elektron um sich selbst drehen kann, daß es einen Drall (engl. spin) besitzt. Es gibt 2 Drehrichtungen, man könnte etwa sagen, im Uhrzeigersinn und entgegengesetzt. Jenachdem unterscheidet man Elektronen mit der Spinquantenzahl $+\frac{1}{2}$ und $-\frac{1}{2}$.

Da nur diese beiden Spinquantenzahlen möglich sind, kann ein Orbital, eine Elektronenwolke, nur maximal 2 Elektronen enthalten. Das ist allerdings schon eine Aussage, die auf einem sehr

---

* Es muß beachtet werden, daß die Gleichungen (a) und (b) unterschiedliche Aussagen vermitteln. (a) gibt an, welchen Maximalwert l bei gegebenem n annehmen kann. (b) sagt aus, wieviele m-Zustände es bei gegebenem l gibt.

wichtigen Gesetz, dem sogenannten Pauli-Prinzip oder auch Pauli-Verbot fußt. Es sagt aus:

"In einem Atom oder Molekül können nie zwei Elektronen in allen vier Quantenzahlen übereinstimmen."

Aufgrund dieses Pauli-Prinzips kann man leicht feststellen, mit wieviel Elektronen man die einzelnen Elektronenschalen maximal besetzen kann. Die Anzahl ist nämlich $= 2\,n^2$.

Die Besetzung der Elektronenniveaus geschieht in folgender Weise:

Man stelle sich einen Atomkern vor, dessen positive Ladung laufend um eine Elementarladung vergrößert wird, d.h. um die Elektroneutralität zu wahren, muß dann auch der Elektronenhülle jeweils ein Elektron zugefügt werden. Jedes hinzukommende Elektron wird jetzt den energieärmsten Zustand einnehmen. Der Energiezustand wird aber durch die Quantenzahlen bestimmt, und zwar bestehen zwischen Elektronen verschiedener Hauptquantenzahlen beträchtliche Energiedifferenzen, während die Veränderung der Nebenquantenzahl l geringere Energiedifferenzen zur Folge hat. Im ersten Moment wäre es naheliegend, anzunehmen, daß die Besetzung der Elektronenschalen genau in der Reihenfolge vor sich geht, wie es in folgender Tabelle verzeichnet ist.

Schale	Hauptquantenzahl n	Nebenquantenzahl l	Elektronentypus	Magnetische Quantenzahl m	Spinquantenzahl $s = \pm 1/2$	Elektronen je Teilschale maximal	Maximale Elektronenzahl für die ganze Schale
K	1	0	*s*	0	± ½	2	2
L	2	0	*s*	0	± ½	2	8
		1	*p*	−1, 0, +1	± ½	3 × 2 = 6	
M	3	0	*s*	0	± ½	2	18
		1	*p*	−1, 0, +1	± ½	3 × 2 = 6	
		2	*d*	−2, −1, 0, +1, +2	± ½	5 × 2 = 10	
N	4	0	*s*	0	± ½	2	32
		1	*p*	−1, 0, +1	± ½	3 × 2 = 6	
		2	*d*	−2, −1, 0, +1, +2	± ½	5 × 2 = 10	
		3	*f*	−3, −2, −1, 0, +1, +2, +3	± ½	7 × 2 = 14	

Besetzung der Elektronenschalen

Das wahre Energieniveauschema der Elektronen weicht jedoch etwas davon ab.

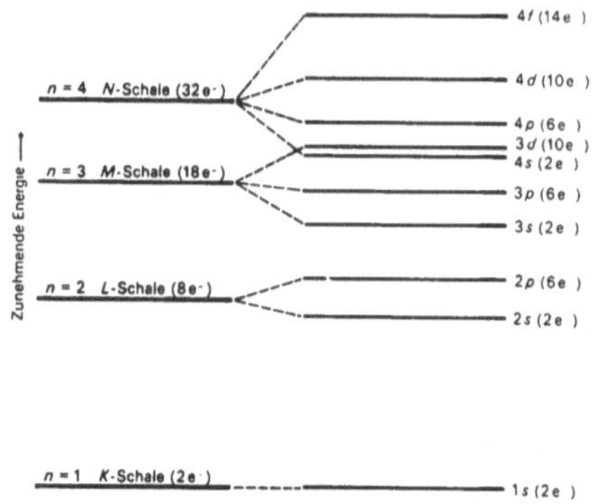

Energieniveauschema. Das Diagramm zeigt, wie die L-, M- und N-Schale verschiedene Untergruppen von Zuständen enthalten (s-, p-, d- und f-Zustände)

Man sieht, daß der Energieinhalt der 3 d-Elektronen etwas höher ist als der der 4s-Elektronen. Daher wird nach der Auffüllung der 3p-Orbitale zuerst das 4s-Niveau besetzt, und erst danach der Ausbau der 3. Schale abgeschlossen. Ähnlich, aber noch etwas komplizierter ist der Ausbau der 4. Schale. Nachdem die 3. Schale völlig aufgefüllt ist, d.h. also alle Elektronen mit n = 3 eingebaut sind, werden zunächst die 4p-Elektronen eingebaut. Dann kommen die 5s-Elektronen an die Reihe und dann die 4d-Elektronen. Bis dahin ist also alles ebenso wie beim Ausbau der 3. Schale. Dann geht es aber weiter mit dem Ausbau der 5p-Orbitale, obwohl die 4. Schale, die ja noch f-Elektronen aufnehmen kann, noch nicht voll aufgefüllt ist. Dieses Auffüllen folgt erst nach der Besetzung der 5p-Niveaus und sogar erst nach Besetzung des 6s-Niveaus. Dann werden die 4f-Orbitale besetzt, danach die 5d, die 6p, die 7s und schließlich die 5f-Nievaus.

Man kann sich die Reihenfolge mit Hilfe eines Schemas verhältnismäßig leicht merken:

siehe Abbildung nächste Seite

Zu klären ist noch die Frage, wie sich der Spin der Elektronen bei der Besetzung der Orbitale auswirkt. Bei den s-Orbitalen werden einfach nacheinander jeweils die Elektronen mit unterschiedlichem Spin eingebaut.

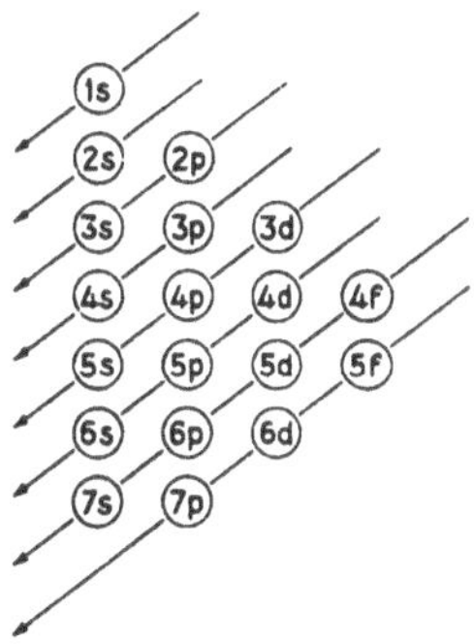

Reihenfolge der Besetzung von Energieniveaus

Schwieriger ist es, wenn die p-, d-, oder f-Orbitale zu besetzen sind, weil es deren mehrere, jeweils energiegleiche gibt. In diesem Falle wäre denkbar:

a) Paarung oder

b) erst einfache Besetzung.

Es hat sich gezeigt, daß immer das letztere der Fall ist. Wenn mehrere Orbitale mit Elektronen gleicher Nebenquantenzahl l vorhanden sind, dann werden diese Orbitale zuerst einfach aufgefüllt, und erst dann kommt es zur Spinpaarung. Das ist die sogenannte Hund'sche Regel. Die Spinpaarung in einem Atomorbital erfordert eine, wenn auch sehr kleine Energie, die sogenannte Spinpaarungsenergie, und deshalb werden die Orbitale zunächst einfach besetzt. Aus dem Energieniveauschema folgt nun unmittelbar der Aufbau des Periodensystems der Elemente.

B. Das Periodensystem der Elemente

Gruppen - Perioden

Einteilungsprinzipien:

gekürztes Periodensystem (Hauptgruppen)

Vergleich des historischen Periodensystems mit dem theoretisch abgeleiteten

Atomgewicht und Ordnungszahl, Neutronen-Massen von Proton, Neutron, Elektron - Isotope - radioaktive Isotope - Verwendung von Isotopen in Biologie, Medizin und Geologie - Röntgenspektren - das elektromagnetische Spektrum - Moseley'sches Gesetz - Valenzelektronen - Ionen - Ionisierungsenergie -

Elektronenaffinität - relative Stabilität der Valenzelektronenhülle in den Gruppen des Periodensystems

Chemische Elemente unterscheiden sich voneinander in der Anzahl der Kernladungen oder - mit anderen Worten - in der Zahl der Protonen, die in ihrem Kern enthalten sind.

Das Gedankenexperiment mit dem Atomkern, dessen Ladung ständig um eine Elementarladung steigt, ist nichts anderes als ein Übergang von einem Element zum anderen, geordnet nach der Protonenzahl (Ordnungszahl).

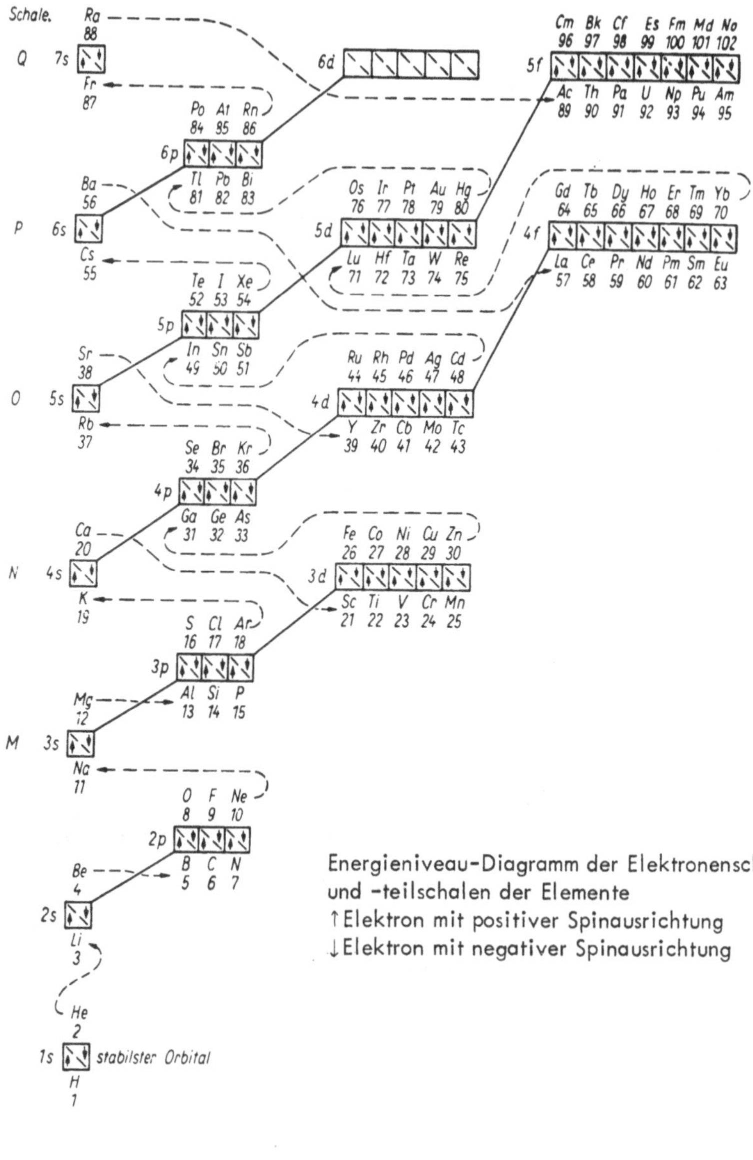

Energieniveau-Diagramm der Elektronenschalen und -teilschalen der Elemente
↑Elektron mit positiver Spinausrichtung
↓Elektron mit negativer Spinausrichtung

Man hat somit also bereits eine sinnvolle Ordnung der chemischen Elemente, die allerdings den Nachteil hat, daß sie nicht auf deren chemische Eigenschaften eingeht. Die chemischen Eigenschaften sind nicht direkt eine Funktion der Kernladung, sondern sie sind eine Funktion der Elektronenhülle, und zwar besonders eine Funktion der Elektronen der äußersten Elektronenschale. Es muß demzufolge sinnvoll sein, die Elemente so anzuordnen, daß eine Beziehung zwischen denjenigen Elementen hergestellt wird, deren äußere Elektronenschale gleich besetzt ist. So eine Anordnung läßt sich auch verhältnismäßig leicht erreichen, indem die laufende Reihe der nach Kernladungszahl geordneten Elemente an bestimmten Stellen unterbrochen wird und die folgenden Elemente unter die bereits so geordneten Elemente geschrieben werden.

Aus der großen Zahl vorgeschlagener Periodensysteme wird hier das sogenannte Langperiodensystem vorgestellt.

Periodensystem der Elemente

Periode Außenschale	Ia	IIa	IIIa	IVa	Va	VIa	VIIa	VIII			Ib	IIb	IIIb	IVb	Vb	VIb	VIIb	O
1 1s	1 **H**																1 **H**	2 **He**
2 2s2p	3 **Li**	4 **Be**											5 **B**	6 **C**	7 **N**	8 **O**	9 **F**	10 **Ne**
3 3s3p	11 **Na**	12 **Mg**											13 **Al**	14 **Si**	15 **P**	16 **S**	17 **Cl**	18 **Ar**
4 4s3d 4p	19 **K**	20 **Ca**	21 **Sc**	22 **Ti**	23 **V**	24 **Cr**	25 **Mn**	26 **Fe**	27 **Co**	28 **Ni**	29 **Cu**	30 **Zn**	31 **Ga**	32 **Ge**	33 **As**	34 **Se**	35 **Br**	36 **Kr**
5 5s4d 5p	37 **Rb**	38 **Sr**	39 **Y**	40 **Zr**	41 **Nb**	42 **Mo**	43 **Tc**	44 **Ru**	45 **Rh**	46 **Pd**	47 **Ag**	48 **Cd**	49 **In**	50 **Sn**	51 **Sb**	52 **Te**	53 **I**	54 **Xe**
6 6s (4f) 5d 6p	55 **Cs**	56 **Ba**	57* **La**	72 **Hf**	73 **Ta**	74 **W**	75 **Re**	76 **Os**	77 **Ir**	78 **Pt**	79 **Au**	80 **Hg**	81 **Tl**	82 **Pb**	83 **Bi**	84 **Po**	85 **At**	86 **Rn**
7 7s (5f) 6d	87 **Fr**	88 **Ra**	89** **Ac**															

*Lanthaniden-Reihe 4f	58 **Ce**	59 **Pr**	60 **Nd**	61 **Pm**	62 **Sm**	63 **Eu**	64 **Gd**	65 **Tb**	66 **Dy**	67 **Ho**	68 **Er**	69 **Tm**	70 **Yb**	71 **Lu**
**Actiniden-Reihe 5f	90 **Th**	91 **Pa**	92 **U**	93 **Np**	94 **Pu**	95 **Am**	96 **Cm**	97 **Bk**	98 **Cf**	99 **Es**	100 **Fm**	101 **Md**	102 **(No)**	103 **Lw**

Langperiodensystem

Bei den Gruppen IIIa bis VIIb wird üblicherweise die Bezeichnung a und b vertauscht.
Die untereinanderstehenden Elemente gehören zu einer Gruppe, die auf einer Waagrechten zu einer Periode. Die Elemente einer Gruppe haben ähnliche Eigenschaften, z.B. sind die Elemente der Li-Gruppe (1 Elektron in der äußersten Schale) weiche, reaktionsfähige Metalle, deren Oxide in Wasser stark alkalisch reagieren. Das System läßt sich einteilen in :

a) Hauptgruppen (die Gruppen der Elemente Li, Be, B, C, N, O, F, Ne); hier werden die s- und p-Niveaus aufgefüllt.

b) die Nebengruppen (die Gruppen der Elemente 21 bis 30); hier werden die d-Niveaus aufgefüllt.

c) die Lanthaniden (Elemente der Ordnungszahlen 58 - 71)
und die Actiniden (" " " 90 - 103)
Auffüllung des 4f- bzw. des 5f-Niveaus.

So ist man also vom Atombau ausgehend zum praktisch gleichen Periodensystem gekommen, das aufgrund rein empirischer Ergebnisse bereits lange vorher entwickelt worden war. Mendelejeff hatte nicht nur eine Reihe von Elementen vorhergesagt, sondern sogar ihre Eigenschaften und die ihrer Verbindungen. Das führte dazu, daβ kurz nach Aufstellung des Periodensystems zahlreiche Elemente entdeckt wurden, weil man aufgrund ihrer vorausgesagten Eigenschaften systematisch nach ihnen suchen konnte.

Vorausgesagte und gefundene Eigenschaften des Germaniums

	Eka-Silicium	Germanium
Atomgewicht	72	72.6
Spezifisches Gewicht	5.5	5.35
Atomvolumen (ccm)	13	13.6
Formel des Oxids	EsO_2	GeO_2
Spezifisches Gewicht des Oxids	4.7	4.70
Formel des Chlorids	$EsCl_4$	$GeCl_4$
Spezifisches Gewicht des Chlorids	1.9	1.88
Siedepunkt des Chlorids	57 – 100°	83°
Formel der Äthylverbindung	$Es(C_2H_5)_4$	$Ge(C_2H_5)_4$
Spezifisches Gewicht der Äthylverbindung	0.96	0.99
Siedepunkt der Äthylverbindung	160°	163°
Sulfid	Ist in Ammoniumsulfid löslich	bestätigt
Oxid	Hat überwiegend sauren Charakter und ist leicht reduzierbar	bestätigt
Fluorid	Bildet ein Kaliumsalz $K_2[EsF_6]$, das leichter löslich als $K_2[SiF_6]$ ist	bestätigt

Aus dem Periodensystem lassen sich also wichtige Zusammenhänge ableiten und die Eigenschaften eines Elementes abschätzen. Es ist die wichtigste Gedächtnisstütze des Chemikers. Die Stellung wenigstens der Hauptgruppenelemente sollte man also wissen. Sie sind im sogenannten gekürzten Periodensystem enthalten.

Gekürztes Periodensystem der Elemente

	0	1							II	
1	0 Nn	1 H							2 He	1
	0	I	II	III	IV	V	VI	VII	VIII	
2	2 He	3 Li	4 Be	5 B	6 C	7 N	8 O	9 F	10 Ne	2
3	10 Ne	11 Na	12 Mg	13 Al	14 Si	15 P	16 S	17 Cl	18 Ar	3
4	18 Ar	19 K	20 Ca	31 Ga	32 Ge	33 As	34 Se	35 Br	36 Kr	4
5	36 Kr	37 Rb	38 Sr	49 In	50 Sn	51 Sb	52 Te	53 J	54 Xe	5
6	54 Xe	55 Cs	56 Ba	81 Tl	82 Pb	83 Bi	84 Po	85 At	86 Rn	6
7	86 Rn	87 Fr	88 Ra							7
	0	I	II	III	IV	V	VI	VII	VIII	

An dieser Stelle muß auf einige Umstellungen hingewiesen werden, die am historischen Periodensystem (ordnendes Prinzip: das relative Atomgewicht) vorgenommen werden mußten, damit es genau mit dem aus dem Atombau entwickelten übereinstimmt. Es war schon Mendelejeff aufgefallen, daß man im Periodensystem nicht immer streng nach dem Atomgewicht ordnen darf, wenn man chemisch ähnliche Elemente untereinanderstellen will, sondern daß Umstellungen vorgenommen werden müssen.

Die Erklärung dafür liegt im Aufbau des Atomkerns begründet. Dieser enthält nicht nur die Träger der positiven Elementarladung, die Protonen, sondern er kann auch neutrale Massenteilchen, Neutronen, enthalten.

Die Masse eines Neutrons entspricht praktisch der des Protons.

Proton	$1{,}6723 \cdot 10^{-24}$ g
Neutron	$1{,}6746 \cdot 10^{-24}$ g
Elektron	$0{,}9106 \cdot 10^{-27}$ g

Die Masse eines Atoms ergibt sich aus der Summe der Protonen und Neutronen, die um Größenordnungen leichteren Elektronen tragen kaum etwas zur Masse bei. Es ist demnach eigentlich erstaunlich, daß sich die relativen Atomgewichte der chemischen Elemente nicht alle durch annähernd ganze Zahlen ausdrücken lassen. Daß das nicht der Fall ist, hat folgenden Grund:

Chemische Elemente bestehen in Wirklichkeit gar nicht alle aus einer Atomsorte. Ein bestimmtes Element enthält zwar immer Atome mit der gleichen Anzahl Protonen und Elektronen, z.B. besitzt jedes Chloratom (Ordnungszahl 17) 17 Protonen und 17 Elektronen, die Neutronenzahl und somit die Massenzahl kann jedoch verschieden sein. So gibt es Chloratome mit 18 Neutronen (Massenzahl 17 + 18 = 35) und mit 20 Neutronen (Massenzahl 17 + 20 = 37).

Atome eines Elementes, die sich in der Neutronenzahl unterscheiden, nennt man Isotope. Die meisten Elemente bestehen aus Gemischen von Isotopen. So enthält Chlorgas, gleichgültig wie man es hergestellt hat, immer 75,4 % $^{35}_{17}Cl$ und 24,6 % $^{37}_{17}Cl$ (unterer Index = Zahl der Protonen = Ordnungszahl; oberer Index = Zahl der Neutronen + Protonen = Massenzahl).

Aus den Prozentgehalten folgt für das Chlor ein Atomgewicht von 35,457, einfach durch Bildung des arithmetischen Mittels. Die folgende Tabelle zeigt die Isotopenzusammensetzung einiger natürlicher Elemente.

Element	Protonen-zahl = Ordnungszahl	Neutronen-zahl	Massen-zahl	Vor-kommen %	Atom-gewicht
Na	11	12	23	100	22.9898
Mg	12	12	24	78,6	
		13	25	10,1	24.312
		14	26	11,3	
Al	13	14	27	100	26.9815
Si	14	14	28	92,3	
		15	29	4,7	28.086
		16	30	3,0	
P	15	16	31	100	30.9738
S	16	16	32	95,1	
		17	33	0,7	32.064
		18	34	4,2	
		20	36	0,02	
Cl	17	18	35	75,4	35.453
		20	37	24,6	
Ar	18	18	36	0,3	
		20	38	0,06	39.948
		22	40	99,6	

Isotopenzusammensetzung

Die Trennung von Isotopen ist ein recht schwieriges, aber lösbares Problem.
In letzter Zeit hat man viele Isotope künstlich, durch Beschuß von Atomen mit Elementarteilchen, z.B. mit Neutronen, hergestellt. Solche künstlich dargestellten Isotope sind sehr oft radioaktiv. In der Schreibweise deutet man die Radioaktivität von Isotopen durch Sternchen an, z.B. $^{14}_{6}C^{*}$ oder $^{40}_{19}K^{*}$.
Den Isotopen des Wasserstoffs hat man eigene Namen gegeben: Deuterium und Tritium. Wasserstoff besteht zum größten Teil aus $^{1}_{1}H$, der einzigen Atomsorte, die überhaupt kein Neutron enthält. Daneben sind in kleinen Mengen die Atomsorten $^{2}_{1}H$ (Deuterium) und $^{3}_{1}H$ (Tritium) enthalten. Isotope, insbesondere die radioaktiven, spielen eine große Rolle in der biologischen und medizinischen Forschung und anderen Forschungsgebieten, weil man den Weg chemischer Verbindungen durch die Markierung mit Isotopen leicht verfolgen kann. Z.B. werden Stoffwechselprozesse verfolgt, indem radioaktiv markierte Substanzen (mit $^{14}_{6}C^{*}$), z.B. Fette oder Kohlehydrate, verfüttert werden und untersucht wird, in welchen Verbindungen der markierte Kohlenstoff in den Verdauungsprodukten vorliegt. Nicht nur zur Forschung, auch zur Heilung und Diagnose werden in der Medizin radioaktive Isotope verwendet. Dabei macht man sich die Tatsache zunutze, daß bestimmte Elemente im Körper in bestimmten Körperteilen deponiert werden, z.B. Phosphor bevorzugt in den Knochen, Jod in der Schilddrüse. So wird bei Knochenmarkserkrankungen, deren Heilung durch radioaktive Strahlung günstig beeinflußt werden, $^{32}_{15}P^{*}$ in Form von Phosphatlösung injiziert. Der Phosphor setzt sich hauptsächlich in den Knochen ab und sorgt für eine Dauerbestrahlung des Knochenmarks.
Röntgenspektren: Mit Hilfe dieser Spektren ist es möglich, die Anzahl der Protonen und damit

die Ordnungszahl eines Elementes experimentell zu bestimmen. Die Spektren, die bisher besprochen worden sind, kommen dadurch zustande, daß äußere Elektronen eines Atoms "angeregt" werden, d.h. auf höhere Energieniveaus angehoben werden und darauf beim Zurückfallen auf die ursprünglichen Niveaus Energie in Form von Strahlung freigesetzt wird. Die Frequenz dieser Strahlung liegt im Bereich des sichtbaren Lichts oder des UV. Man kann nun auch und das sogar bei sehr schweren, also elektronenreichen Atomen, Elektronen der inneren Schalen anregen. Dazu ist allerdings, weil diese Elektronen dem Kern benachbart sind, eine viel größere Energiemenge nötig. Es geschieht, wenn man Atome mit harten Elektronenstrahlen beschießt, z.B. mit Kathodenstrahlen. Das betreffende Atom muß dann im Anodenmaterial vorhanden sein.

Schema einer Röntgenröhre
K Kathode
A Anode
B Heizbatterie für die Kathode
W Wehnelt-Zylinder

Ein Teil der Energie des Kathodenstrahls wird abgebremst von den Atomen, der Rest genügt jedoch, um Elektronen der inneren Schalen auf höhere Energieniveaus zu bringen oder ganz zu entfernen. Die dadurch entstandenen "Elektronenlücken" werden sofort wieder aufgefüllt, indem Elektronen aus höheren Niveaus auf die innere Schale (K-Schale) zurückfallen. Dabei wird wieder Energie in Form von elektromagnetischer Strahlung frei; diese Energie entspricht der Energie von Röntgenstrahlen.

Elektromagnetisches Spektrum

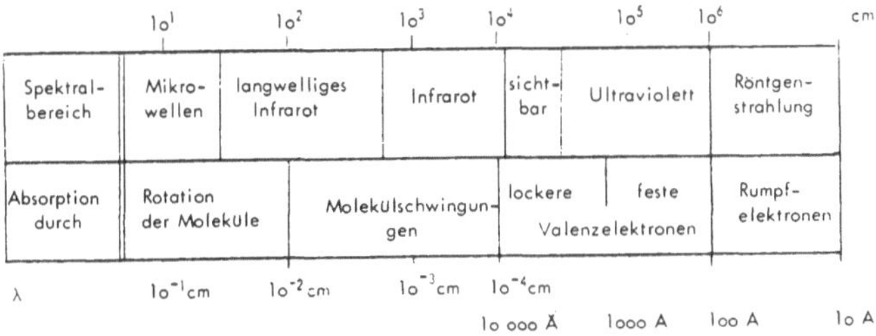

Das besprochene Röntgenspektrum eines Atoms ist natürlich auch wieder eigentlich ein Linienspektrum, aber eine Linie tritt in ganz besonderer Intensität hervor. Ihre Frequenz entspricht der Energiedifferenz des "Elektronensprunges" von der L- auf die K-Schale. Die Frequenz dieser sogenannten Kα-Linie ist aber eine einfache Funktion der Ordnungszahl des Atoms. Es ist wohl auch durchaus verständlich, daß diese Energiemenge sehr stark von der Kernladung abhängig sein muß, da sich der Vorgang auf das Elektron bezieht, das dem Kern unmittelbar benachbart ist. Nach Moseley gilt für die Frequenz der Kα-Linie die Beziehung:

$$\frac{1}{\lambda} = \frac{3}{4} R \; (Z - 1)^2$$

Der Faktor vor R (sog. Rydbergkonstante) $\frac{3}{4}$ ist entstanden aus

$\frac{1}{n_1^2} - \frac{1}{n_2^2}$, in diesem Fall $\frac{1}{1^2} - \frac{1}{2^2} = \frac{3}{4}$. In der Klammer hinter R ist von Z der Wert 1 abgezogen: Die Kernladung Z (= Ordnungszahl) wird durch das zweite Elektron der K-Schale abgeschirmt.

Die K_α-Linie im Röntgenspektrum einiger Elemente

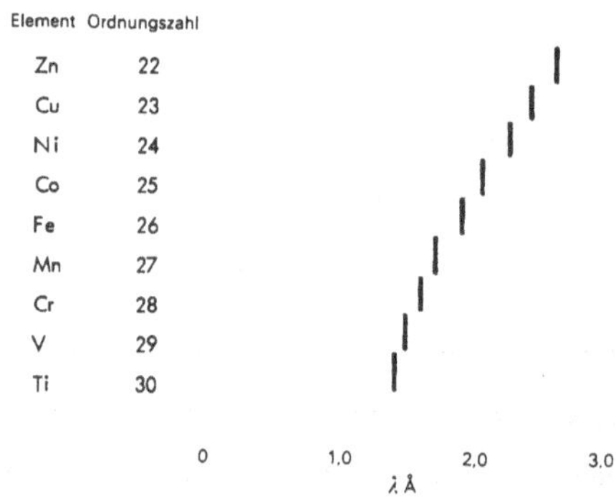

Durch Messung der Frequenz der Kα-Linie kann man die Ordnungszahl eines Elementes und somit seine Stellung im Periodensystem unabhängig von chemischen Methoden exakt bestimmen.
Der Atomkern bestimmt eindeutig die Art eines Atoms und seine Masse. Er hat selbst aber praktisch keinen Einfluß auf die chemischen Eigenschaften des Atoms. Diese werden durch die Elektronenhülle bedingt und ganz speziell durch die Art der Besetzung der äußeren Elektronenschale. Die Elektronen dieser Schale haben wegen ihrer Wichtigkeit auch einen bestimmten Namen. Man nennt sie Valenzelektronen.

Bei Zufuhr von genügend Energie kann man ein solches Valenzelektron so weit vom Kern entfernen, daß es sich völlig selbständig macht. Zurück bleibt ein Atomrumpf, der eine positive Ladung trägt. Solch ein Teilchen bezeichnet man als Ion. Ionen werden, da sie eine Ladung tragen, von einer Elektrode umgekehrter Ladung angezogen, positiv geladene Ionen also von einer Kathode. Daher bezeichnet man positiv geladene Ionen auch als Kationen.

Die Energie, die notwendig ist, ein solches Kation zu erzeugen, also ein Elektron völlig abzuspalten, bezeichnet man als Ionisierungsenergie. Man kann auch mehrere Elektronen nacheinander abspalten, so daß zweifach, dreifach, vierfach usw. geladene Kationen entstehen. Dazu braucht man dann eine 1., 2., 3. und 4. Ionisierungsenergie.

Nr.	Symbol	Ionisierungsenergien in eV für das 1.	2.	3.	4.	5.	6.	7.	8.	9.	10. abgespaltene Elektron	
1	H	13.6										Elektronenzahl 1
2	He	24.6	54.4									2
3	Li	5.4	75.6	122.4								1 + 2 = 3
4	Be	9.3	18.2	153.9	217.7							2 + 2 = 4
5	B	8.3	25.1	37.9	259.3	340.1						3 + 2 = 5
6	C	11.3	24.4	47.9	64.5	391.9	489.8					4 + 2 = 6
7	N	14.5	29.6	47.4	77.5	97.9	551.9	666.8				5 + 2 = 7
8	O	13.6	35.2	54.9	77.4	113.9	138.1	739.1	871.1			6 + 2 = 8
9	F	17.4	35.0	62.6	87.2	114.2	157.1	185.1	953.6	1100.0		7 + 2 = 9
10	Ne	21.6	41.0	64.0	97.1	126.4	157.9	207.0	238.0	1190.0	1350.0	8 + 2 = 10
11	Na	5.1	47.3	71.6	98.9	138.6	172.4	208.4	264.1	299.9	1460.0	1 + 8 + 2 = 11
12	Mg	7.6	15.0	80.1	109.3	141.2	186.7	225.3	266.0	328.2	367.0	2 + 8 + 2 = 12
13	Al	6.0	18.8	28.4	120.0	153.8	190.4	241.9	285.1	331.6	399.2	3 + 8 + 2 = 13
14	Si	8.1	16.3	33.5	45.1	166.7	205.1	246.4	303.2	349.0	407.0	4 + 8 + 2 = 14
15	P	11.0	19.7	30.1	51.4	65.0	220.4	263.3	309.2	380.0	433.0	5 + 8 + 2 = 15
16	S	10.4	23.4	35.0	47.3	72.5	88.0	281.0	328.8	379.1	459.0	6 + 8 + 2 = 16
17	Cl	13.0	23.8	39.9	53.5	67.8	96.7	114.3	348.3	398.8	453.0	7 + 8 + 2 = 17
18	Ar	15.8	27.6	40.9	59.8	75.0	91.3	124.0	143.5	434.0	494.0	8 + 8 + 2 = 18
19	K	4.3	31.8	46.0	60.9	83.0	101.0	120.0	155.0	176.0	501.4	1 + 8 + 8 + 2 = 19
20	Ca	6.1	11.9	51.2	67.0	84.0	111.0	127.0	151.0	189.0	211.4	2 + 8 + 8 + 2 = 20

Diese Tabelle zeigt die Ionisierungsenergien der 20 leichtesten Elemente. Man erkennt daraus den Zusammenhang zwischen den Zahlenwerten und der Stellung der Elemente im Periodensystem. Noch anschaulicher sieht man ihn aus dem Diagramm, das die Ionisierungsenergien sämtlicher Elemente wiedergibt.

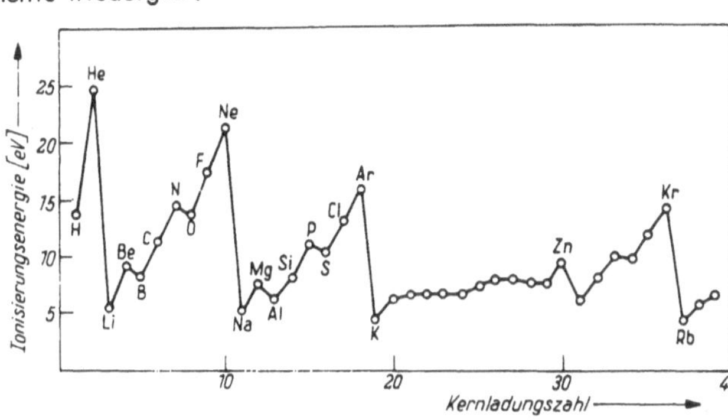

Aenderung der ersten Ionisierungsenergie
in Abhängigkeit von der Kernladungszahl

Ganz auffallend sind die Spitzenwerte bei den Edelgasen und die Minima bei den Alkalimetallen.

Die Abspaltung eines Valenzelektrons erfordert eine ungleich geringere Energie, als die Abspaltung eines Elektrons einer darunterliegenden Schale. Während die 1. Ionisierungsenergie für Natrium 5,1 eV beträgt, erfordert die Bildung eines Na^{2+} aus Na^{+}, also die Abspaltung eines weiteren Elektrons, 47,3 eV. Die hohen Werte für die Ionisierungsenergie der Edelgase zeigen, daß deren Atome offenbar besonders stabil sind. Innerhalb der Elemente einer Gruppe nimmt die Ionisierungsenergie mit steigender Ordnungszahl ab. Das ist verständlich; denn je mehr Schalen vorhanden sind, um so größer ist der Abstand der Valenzelektronen vom Kern, und um so geringer die Kraft, mit der sie vom Kern festgehalten werden.

Ein Atom kann nicht nur Elektronen abspalten, es kann auch zusätzliche Elektronen aufnehmen. Manche Atome können das sogar sehr leicht, so daß bei diesem Vorgang keine Energie verbraucht, sondern im Gegenteil welche frei wird. Es entstehen dabei negativ geladene Ionen. Sie werden als Anionen bezeichnet, weil sie von einer Anode angezogen werden. Die Energie, die für die Anionenbildung verbraucht wird, bezeichnet man als Elektronenaffinität. Sie hat oftmals negative Werte, eben weil manche Atome, besonders die Halogene, gern in den Anionenzustand übergehen. Die Bildung zweifach negativer Ionen erfordert jedoch immer eine Energiezufuhr, weil das zweite Elektron entgegen der elektrischen Abstoßung in ein bereits negatives Teilchen eingebaut werden muß.

Elektronenaffinitäten einiger Elemente
in Elektronenvolt

Reaktion	eV
$F + e^- \rightarrow F^-$	−3,45
$Cl + e^- \rightarrow Cl^-$	−3,61
$Br + e^- \rightarrow Br^-$	−3,36
$J + e^- \rightarrow J^-$	−3,06
$H + e^- \rightarrow H^-$	−0,7
$O + e^- \rightarrow O^-$	−1,48
$O + 2e^- \rightarrow O^{2-}$	+7,3
$S + e^- \rightarrow S^-$	−2,11
$S + 2e^- \rightarrow S^{2-}$	+3,4

Die Zahlenwerte für die Ionisierungsenergien und Elektronenaffinitäten weisen darauf hin, daß den Edelgasatomen eine besondere Stabilität zukommt. Offenbar ist die Valenzelektronenkonfiguration $s^2 p^6$, die alle Edelgase außer Helium (s^2) aufweisen, besonders begünstigt. Deshalb wird zunächst diese Elementgruppe besprochen.

C. Chemie der Elemente

1. Edelgase

Physikalische Eigenschaften

Atomradius, Beziehungen zum Periodensystem - Ionenradius - Dichte - Modifikationen chem. Elemente - Schmelzpunkt - Beziehungen zwischen gasförmigem, flüssigem und festem Zustand - kristalliner und amorpher Zustand - kinetische Gastheorie: Druck, kinetische Energie - Gesetz von Boyle-Mariotte - Gesetz von Gay-Lussac - absolute Temperatur - Kelvinskala - Avogadro'sche Hypothese - g-Atom, Mol - Molvolumen - allgem. Gasgleichung - Molgewichtsbestimmung - Gleichverteilung der Energie - Maxwell'sche Geschwindigkeitsverteilung -

Vorkommen und Verwendung der Edelgase

Wegen der großen Stabilität ihrer Elektronenhülle neigen die Edelgase nicht zur Verbindungsbildung. (Allerdings kennt man heutzutage einige Verbindungen der schweren Edelgase Krypton, Xenon und Radon (s.S. 51).)

Die Edelgase sind die einzigen Elemente, deren Atome sich nicht einmal mit sich selbst verbinden. Alle anderen Atome treten zu mehr oder weniger großen Atomaggregaten zusammen, z.B. Stickstoff und Wasserstoff zu zweiatomigen Molekülen, Phosphor zu vieratomigen, Schwefel zu achtatomigen, einige Nichtmetalle wie Kohlenstoff und alle Metalle zu Riesenmolekülen. Da die Edelgase isolierte Atome enthalten, sind sie das ideale Objekt, um zu studieren, wie sich die physikalischen Eigenschaften eines Stoffes in Abhängigkeit von Gewicht und Größe seiner Atome bei sonst analogem Aufbau seiner Elektronenhülle verändern. Unter diesem Gesichtspunkt ist die folgende Tabelle zu betrachten.

Einige Eigenschaften der Edelgase

	He	Ne	Ar	Kr	Xe	Rn
Ordnungszahl	2	10	18	36	54	86
Atomgewicht	4,0026	20,183	39,948	83,80	131,30	222
Atomradius (Å)	?	1,60	1,91	2,00	2,2	?
Dichte (g/ccm) in fl. Zust.	0,126	1,204	1,65	2,6	3,06	4,4
Schmelzpunkt (°K) bei 760 mm	—	24,43	83,9	104	133	202
Siedepunkt (°K) bei 760 mm	4,18	27,13	87,29	120,26	166,06	208,16
Verdampfungswärme (kcal/Mol)	0,022	0,44	1,50	2,31	3,27	4,3
1. Ionisierungspotential (ev)	24,58	21,56	15,76	14,00	12,13	10,75

Aus den Spalten Ordnungszahl und Atomgewicht ersieht man übrigens, daß bei den leichten Elementen das Verhältnis von Neutronen zu Protonen 1 : 1 ist, und dann immer stärker zunimmt.

Als nächstes folgt die Spalte Atomradius. Da sich für ein isoliertes Atom keine eindeutige Begrenzung angeben läßt, wird der Atomradius wie folgt definiert: Man bezeichnet als Atomradius die Hälfte des Abstandes der Schwerpunkte zweier gleichartiger Atome in einem geordneten Atomverband. Man legt also den geringsten Abstand zugrunde, den zwei gleichartige Atome einnehmen können. Um diesen Abstand bei den Edelgasen messen zu können, muß man sie (durch Abkühlung und Druck) in den festen Zustand überführen. Sie bilden dann einen geordneten Verband, einen Kristall. In diesem Zusammenhang ist es interessant, auch die Atomradien der anderen Elemente zu betrachten.

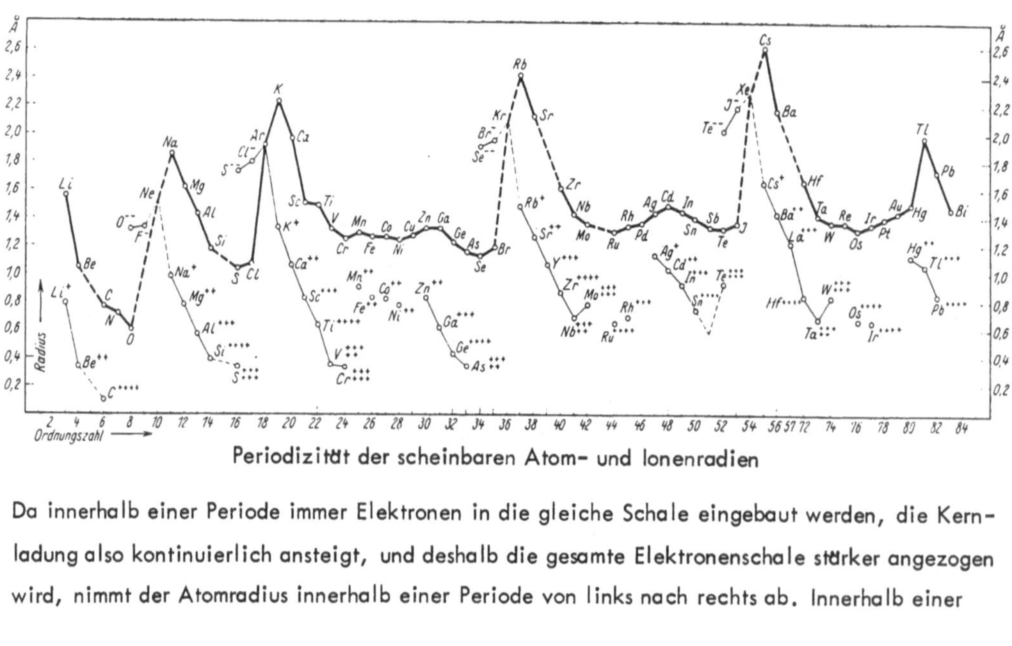

Periodizität der scheinbaren Atom- und Ionenradien

Da innerhalb einer Periode immer Elektronen in die gleiche Schale eingebaut werden, die Kernladung also kontinuierlich ansteigt, und deshalb die gesamte Elektronenschale stärker angezogen wird, nimmt der Atomradius innerhalb einer Periode von links nach rechts ab. Innerhalb einer

Gruppe nimmt der Atomradius, wie bei den Edelgasen, mit steigender Ordnungszahl zu, weil jeweils die Hauptquantenzahl ansteigt, und die Elektronen also jeweils in eine neue Schale eingebaut werden. Ein anderer Begriff, der eng damit zusammenhängt, ist der Ionenradius.

Negative Ionen sind größer als Atome des gleichen Elements, positive kleiner. Je höher die Ladung, um so größer bzw. kleiner ist der Ionenradius. Die Erklärung ist folgende: Wegen der überschüssigen positiven Kernladung zieht sich bei Kationenbildung die Elektronenhülle zusammen, bei Anionenbildung erfolgt Ausdehnung derselben.

Atom- und Ionenradien (in Å)

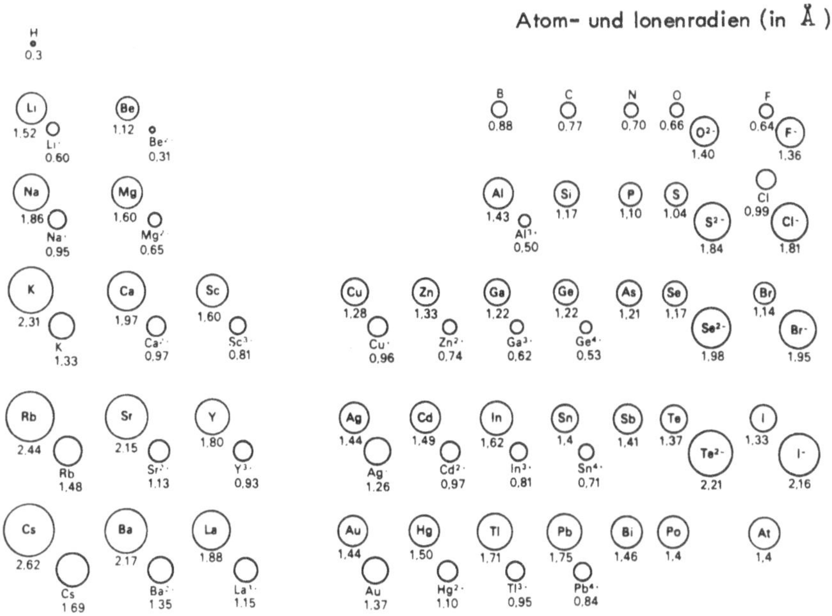

Zurück zu den Edelgasen. Es folgt die Spalte Dichte. Wie sich die Dichte mit steigender Ordnungszahl ändern wird, ist nicht ohne weiteres abzuschätzen, denn die Dichte ist ja Masse/Volumen, und beides nimmt zu. Die Tabelle zeigt aber, daß auch die Dichte mit steigender Ordnungszahl im allgemeinen zunimmt. Spezifisch schwere Elemente haben auch immer eine hohe Ordnungszahl.

Es kommt auch vor, daß Elemente in festem Zustand in verschiedenen Modifikationen mit unterschiedlicher Dichte existieren. Man sieht daraus, daß die Atome verschieden dichte Packungen annehmen können und daß laut Definition Atomvolumina und Atomradien keine absolut konstanten Größen sind, sondern von ihrer Umgebung abhängen.

In der nächsten Spalte stehen die Schmelzpunkte: Zunächst ein paar Hinweise auf die Unterschiede zwischen gasförmigem, flüssigem und festem Zustand. Im gasförmigen Zustand fliegen die einzelnen Partikel ungeordnet im Raum umher. Sie besitzen kinetische Energie, und im Idealfalle üben sie gegenseitig keinerlei Kräfte aufeinander aus. Ihre kinetische Energie ist umso größer, je höher die Temperatur ist. Jedes Partikel hat aber doch eine gewisse Tendenz zur Wechselwirkung mit anderen, es verfügt über Anziehungskräfte, die aber im Gaszustand nicht wesentlich zur Geltung kommen, weil die Teilchen dauernd in schneller Bewegung sind. Erst wenn man diese Bewegung durch Temperaturerniedrigung verlangsamt, dann kommt irgendwann ein Punkt, an dem die Anziehungsenergie die kinetische Energie überwiegt. Die Partikel schließen sich dichter zusammen, sie bewegen sich zwar noch, bleiben aber weitgehend beieinander. Der flüssige Zustand ist erreicht. Im festen Zustand führen die Partikel nur noch ganz schwache "Zitterbewegungen" um ihre "Ruhelagen" aus. Im allgemeinen sind diese Ruhelagen und somit die Partikel im festen Zustand ganz streng geordnet. Man spricht dann von einem "Kristallaufbau". Vereinzelt findet man auch einen etwas weniger strengen Ordnungsgrad bei festen Stoffen, den sogenannten "amorphen" Zustand, den man als einen Zwischenzustand zwischen Kristall und Flüssigkeit auffassen kann.

Der Übergang Feststoff-Flüssigkeit-Gas bedeutet also eine Änderung des Ordnungszustandes, der vom Verhältnis zwischen der kinetischen Energie der Teilchen und den anziehenden Kräften zwischen ihnen abhängt. Diese anziehenden Kräfte werden als "van der Waals'sche" Kräfte bezeichnet. (Von van der Waals stammen die grundlegenden Arbeiten über die Eigenschaften von Flüssigkeiten und Gasen.)

Der Schmelzpunkt gibt die Temperatur an, bei der der feste Stoff flüssig wird. Er liegt umso höher, je stärker die Kräfte sind, die zwischen den Partikeln bestehen. Bei den Edelgasen ist durchweg ein niedriger Schmelzpunkt zu erwarten, da die Edelgasatome wegen ihrer kugelsymmetrischen Ladungsverteilung und ihrer geringen Deformierbarkeit nur ganz schwache Kräfte aufeinander ausüben können. Die Deformierbarkeit der Elektronenhülle nimmt aber naturgemäß mit ihrer Größe zu, der Schmelzpunkt eines schwereren Edelgases liegt höher als der eines leichteren. Bei den Heliumatomen reichen die "van der Waals'schen Kräfte" nicht einmal am absoluten Nullpunkt aus, um die Atome unter Normaldruck in einem Atomgitter zusammenzuhalten. Helium wird erst bei einem Druck von ca. 25 atm bei 0,9° K fest. Mit diesen Erklärungen lassen sich auch die Spalten Siedepunkt und Verdampfungswärme verstehen.

Aus diesen Betrachtungen läßt sich eine anschauliche Erklärung gewinnen, was man unter dem "Druck" eines Gases zu verstehen hat. Wenn in einem Gas, wie angenommen, keine Kraftwirkung zwischen den einzelnen Partikeln zur Geltung kommt, und sich die Teilchen ständig schnell bewegen, dann kann ein solches Gas kein definiertes Volumen einnehmen, es sei denn, es wird ihm eines aufgezwungen. Normalerweise werden sich die Teilchen immer weiter voneinander entfernen, sich das Gas also beliebig ausdehnen. Bringt man es aber in ein Gefäß, dann werden ständig Partikel gegen die Gefäßwand prallen und von ihr zurückgeworfen werden. Das wirkt sich dann genauso aus, wie wenn das Gas auf die Wände einen Druck ausübt, der natürlich umso größer ist, je mehr Teilchen in der Zeiteinheit auf die Fläche aufprallen, und je größer der Impuls ist, den sie an die Gefäßwand abgeben.

Der Druck hängt also von der Geschwindigkeit und der Masse der Gaspartikel ab, genauer von der kinetischen Energie $\frac{m \cdot v^2}{2}$. Aus dieser Betrachtung ergibt sich zwangsläufig, daß sich der Druck eines Gases, das in einem bestimmten Volumen eingesperrt ist, mit steigender Temperatur erhöhen muß. Empirisch wurde das schon vor langem erkannt. Gay-Lussac hatte (1802) die Druckänderung von Gasen in Abhängigkeit von der Temperatur exakt gemessen und folgende Gesetzmäßigkeit festgestellt:

"Bei konstantem Volumen ändert sich der Gasdruck linear mit der Temperatur."

Bringt man ein Gas der Temperatur t_1, das den Druck p_1 hat, auf die Temperatur t_2 (°C), so erhöht bzw. vermindert sich der Druck, je nachdem ob t_2 größer oder kleiner als t_1 ist, in der Weise, wie es aus folgendem Diagramm hervorgeht.

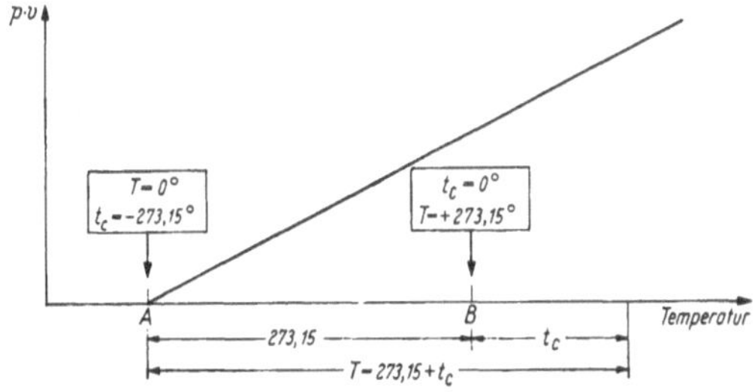

Gasgesetz und absoluter Nullpunkt

Die Druckänderung pro °C ist für alle Gase gleich groß. Man kann daraus eine Temperatur ableiten, bei der p den Wert 0 annehmen würde. Sie beträgt - 273,15° C. Bei dieser Temperatur dürfen die Teilchen also keine kinetische Energie mehr besitzen. Man bezeichnet sie als absolute Temperatur. Man ersieht aus diesem Diagramm auch, daß es zweckmäßig ist, bei der Betrachtung des Verhaltens von Gasen eine neue Temperaturskala einzuführen. Wenn man nämlich den Nullpunkt der Temperaturskala auf die absolute Temperatur bringt, gilt für die Temperaturabhängigkeit des Gasdruckes eines bestimmten Gasvolumens die einfache Beziehung:

$$p_{(V)} = \text{konst.} \cdot T$$ Gesetz von Gay-Lussac
(V) = bei konst. Volumen

Die daraus entstehende Temperaturskala wird Kelvinskala genannt. Die Celsiusgrade hängen auf folgende Weise mit den Kelvingraden zusammen:

$$a^{\circ}\,C = (273,15 + a)^{\circ}\,K$$

Schon früher war von Boyle (1660) und Mariotte (1667) experimentell untersucht worden, wie sich das Volumen eines Gases bei Druckänderung (bei konstanter Temperatur) verändert. Sie hatten festgestellt, daß sich der Druck eines Gases genau auf das Doppelte erhöht, wenn man das Gas auf das halbe Volumen zusammendrückt. Ganz allgemein gilt die Beziehung:

$$p \cdot v = \text{const}$$ Gesetz von Boyle-Mariotte

Weiterhin gilt entsprechend dem Gay-Lussac'schen Gesetz $p_{(V)} = \text{konst.} \cdot T$ auch $V_{(p)} = \text{konst.} \cdot T$

Aufgrund der Beobachtungen, daß diese Gleichungen für alle Gase gelten, unabhängig von ihrer chem. Natur, stellte Avogadro (1811) die fundamentale Hypothese auf, daß in einem bestimmten Gasvolumen bei gleichen Bedingungen (Druck, Temperatur) stets die gleiche Anzahl Gaspartikel vorhanden ist. Er führte für diese Gaspartikel den Namen Molekeln ein. Im Falle der Edelgase sind die Gasmolekeln Atome.

Für die Dichte der Edelgase im Gaszustand bei einer bestimmten Temperatur ist es aufgrund des Satzes von Avogadro klar, daß sie dem Atomgewicht proportional sein muß, denn wenn man die Massen einer gleichen Anzahl Atome verschiedener Edelgase vergleicht, müssen sie das gleiche Verhältnis zeigen wie die Atomgewichte.

Um eine vergleichbare Anzahl Atome zu erhalten, führt man den Begriff Grammatom ein. Als g-Atom bezeichnet man das Atomgewicht eines Stoffes in g ausgedrückt. Das g-Atom hat also im Gegensatz zum Atomgewicht, das eine dimensionslose Verhältniszahl ist, die Dimension [g]. Da das Atomgewicht das relative Gewicht eines einzelnen Atoms wiedergibt, muß ein g-Atom jedes chemischen Elementes der Masse einer jeweils gleichen Anzahl von Atomen entsprechen. Diese Anzahl ist gegeben durch die sogenannte Loschmidt'sche Zahl ($6{,}023 \cdot 10^{23}$). Für Verbindungen gilt analog: Das g-Mol oder einfach das Mol ist das Molekulargewicht in g ausgedrückt. Ein Mol eines Gases enthält $6{,}023 \cdot 10^{23}$ Moleküle.

Durch die Kombination des Gay-Lussac'schen und Boyle-Mariotte'schen Gesetzes erhält man die allgemeine Gasgleichung:

$$p \cdot V = k \cdot T \qquad (k = \text{Konstante})$$

Mit Hilfe der Hypothese von Avogadro erkennt man, daß die Konstante k die Anzahl der g-Atome bzw. Mole des Gases enthalten muß; denn bei konstantem p und T enthält ein Volumen V immer gleich viel Teilchen, also muß es ein V geben, das gerade immer ein g-Atom bzw. ein Mol enthält. Man kann also die Konstante k, die nur für ein bestimmtes Volumen gilt, durch das Produkt $n \cdot R$ ersetzen, wobei n die Anzahl der g-Atome bzw. Mole und R die sogenannte "allgemeine Gaskonstante" ist. Die allgemeine Gasgleichung hat dann die Form:

$$p \cdot V = n \cdot R \cdot T$$

R hat den Zahlenwert 1,986 [cal/grad · Mol] oder mit anderer Dimension 0,08205 [Literatmosphären/grad · Mol] (zur Dimensionsbetrachtung: $p = \text{Kraft/cm}^2$; $p \cdot V = \text{Kraft} \cdot \text{cm} =$ Energie).

Aus dem allgemeinen Gasgesetz läßt sich jetzt das Volumen eines Mols eines Gases bei "Normalbedingungen" (1 Atm. Druck; 0° C = 273,15 °K) zu 22,4 l errechnen. Wenn man also die Masse von 22,4 l eines beliebigen Gases bei Normalbedingungen wiegt, so hat man direkt sein Molekulargewicht. Man kann aber auch jedes beliebige andere Volumen auswägen und bei beliebigem Druck und Temperatur messen und dann mit Hilfe der allgemeinen Gasgleichung das Molekulargewicht errechnen.

Beispiel: 310 mg einer Flüssigkeit verdrängen beim Verdampfen (gemessen bei 20°C) bei einem Druck von 775 Torr, 42 cm³ Luft. Molekulargewicht? $n = \frac{m}{M}$; 1 Atm = 760 Torr

$$M = \frac{m \cdot R \cdot T}{p \cdot V} = \frac{0{,}31 \cdot 760 \cdot 0{,}08205 \cdot 293{,}15}{775 \cdot 0{,}042} = 174\ [g]$$

Noch etwas anderes folgt aus der Avogadro'schen Hypothese: Wenn der Gasdruck nur von der Zahl, nicht aber von der Art der Gaspartikel abhängt, und andererseits eine Funktion der kinetischen Energie $\frac{m}{2} v^2$ der Partikel ist, muß man schließen, daß die Geschwindigkeit schwerer Gaspartikel kleiner ist als die Geschwindigkeit leichter Gaspartikel, und daß die kinetische Energie der Teilchen in einem bestimmten Gasvolumen unabhängig von der Art der Teilchen bei konstanten Bedingungen konstant ist (Gleichverteilungssatz der Energie). Das gilt allerdings nur statistisch, nur für die mittleren Geschwindigkeiten $\bar{v}$. Die Partikel eines bestimmten Stoffes haben nämlich nicht alle die gleiche Geschwindigkeit, wie man aus der sogenannten Maxwell'schen Geschwindigkeitsverteilungskurve ersehen kann:

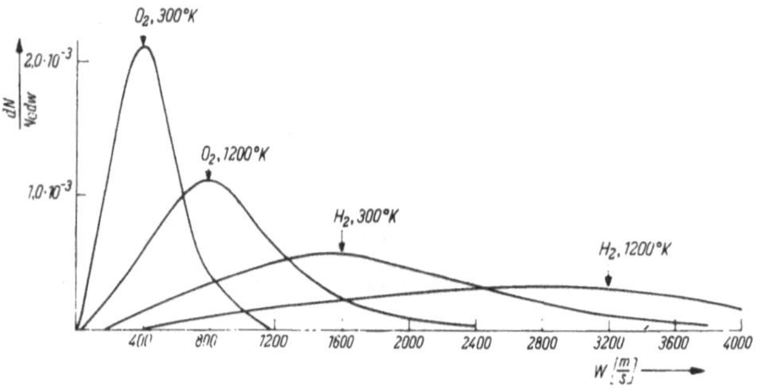

Maxwell-Boltzmannsche Geschwindigkeitsverteilung bei zwei verschiedenen Temperaturen für ein leichtes (H_2) und ein schweres Gas (O_2)

Nun einige spezielle Bemerkungen zu den Edelgasen.

Vorkommen:

sämtlich in der Luft, Radon nur in verschwindenden Mengen. Die Luft enthält (Vol %) 0,0005 % He, 0,0015 % Ne, 0,94 % Ar, 0,0011 % Kr, 0,000009 % Xe. Darst.: aus Luft, fraktionierte Destillation bzw. Absorption. Helium aus Erdgasquellen und radioaktiven Mineralien. Radon beim radioaktiven Zerfall (aus Radium).

Verwendung:

Erzeugung tiefer Temperaturen, Beleuchtungstechnik, Argon als Trägergas (inert), Helium für Luftschiffe, Taucherluft.

2. Wasserstoff

Wasserstoffmolekül

die repräsentativen Elemente

Atombindung, das Elektronenpaar - Valence-bond- und molecule-orbital-Methode - Formulierung von Grenzzuständen

physikalische Eigenschaften des Wasserstoffs,

Dichte, Diffusionsvermögen, Wärmeleitfähigkeit, Schmelz-, Siedepunkt - kritische Daten

Darstellung von H_2

elektrolyt. Zersetzung von H_2O

Reduktion von H_2O

Säure und Metall

chem. Eigenschaften des H_2

Brennbarkeit, Reduktionswirkung

Verwendung

atomarer Wasserstoff

(Langmuirfackel)

Begriffe der Reaktionskinetik - Reaktionsgeschwindigkeit - Stoßzahl - Wirkungsquerschnitt - Erfolgsrate - sterischer Faktor - Wandreaktion - Katalyse

Nach der Besprechung der Edelgase folgt die der repräsentativen Elemente (≈ Hauptgruppenelemente), beginnend mit dem Wasserstoff. Bezüglich der Elektronenkonfiguration unterscheiden sich die repräsentativen Elemente von den Edelgasen folgendermaßen: Bei den Edelgasen war die Außenschale mit 8 Elektronen, bzw. beim Helium mit 2 Elektronen aufgefüllt. Diese Besetzung, die offensichtlich äußerst stabil ist, bezeichnet man auch als Edelgaskonfiguration. Bei den repräsentativen Elementen ist die äußere Schale unvollständig aufgefüllt, die darunterliegenden Orbitale sind entweder ganz oder gar nicht besetzt. Beim Na z.B. ist die zweitäußerste Schale, die L-Schale, mit 8 Elektronen voll besetzt. Beim K dagegen ist die zweitäußerste Schale, hier die M-Schale, auch nur mit 8 Elektronen (s- und p-Elektronen) besetzt, obwohl 18 aufgenommen werden könnten. Das gesamte d-Niveau ist leer.

Nun zum Wasserstoff. Beim Wasserstoffatom mit seinem einzigen Elektron ist die Elektronenhülle unvollständig, also weniger symmetrisch als beim Helium. Das Wasserstoffatom ist deshalb viel energiereicher, so daß es praktisch in der Natur gar nicht vorkommt, sondern sich so schnell wie möglich mit anderen Atomen verbindet. Wenn keine anderen Atomsorten vorhanden sind, verbindet sich ein Wasserstoffatom mit einem anderen Wasserstoffatom zu einem Wasserstoffmolekül H_2. Das Element Wasserstoff liegt in der Natur immer in der Form von H_2-Molekülen vor.

Bei der Vereinigung von 2 Wasserstoffatomen zum Molekül wird viel Energie frei. Der Grund für jede chemische Reaktion ist nämlich die Tendenz der Reaktionspartner, den energieärmsten Zustand anzustreben.

Wie läßt sich das beim Wasserstoff erklären? Wie man aus der Elektronenaffinität eines Wasserstoffatoms (- 16,4 kcal/Mol) ersieht, hat es die Tendenz, sich ein Elektron einzufangen, um die stabile Heliumkonfiguration zu erreichen. Durch die Molekülbildung hat dann praktisch jedes Wasserstoffatom ein Elektron dazugewonnen. Die zwei Elektronen beider Atome treten zu einem gemeinsamen Elektronenpaar zusammen. Ein solches gemeinsames Elektronenpaar kann eine bindende Funktion ausüben. Man bezeichnet diese Art der Bindung als Atombindung. Sie läßt sich wie folgt beschreiben:

1. Elektronen, die zwei oder mehreren Atomen gemeinsam angehören, können eine bindende Funktion ausüben.

2. Die Bindung wird meist durch ein oder mehrere gemeinsame Elektronenpaare bewerkstelligt.

3. Die Elektronen eines bindenden Elektronenpaares haben antiparallelen Spin.

4. Die bindenden Elektronen ergänzen sehr oft die übrige Valenzelektronenhülle eines Atoms zum Oktett. (Auch andere Ergänzungen sind möglich, z.B.: SF_6) (wichtig ist immer: maximale Symmetrie und minimale Energie).

5. Die Atombindung wird folgendermaßen formuliert:

H - H	Cl - Cl	O = O	N ≡ N
H : H	Cl : Cl	O :: O	N ::: N

Damit ist nun noch nicht gesagt, warum so ein Elektronenpaar eine bindende Funktion ausübt, warum also bei seiner Entstehung Energie frei wird. Das ist ein Problem, das sich anschaulich nicht bis ins letzte erklären läßt. Um die Struktur chemischer Verbindungen und den Ablauf chemischer Reaktionen zu verstehen, genügt weitgehend die Kenntnis der Tatsache, daß Elektronenpaare, die zwei Atomen gemeinsam sind, eine bindende Funktion haben können.

Es seien jedoch einige Gründe angeführt, die erklären, warum ein Elektronenpaar zwei Atome "zusammenkitten" kann. Man stelle sich vor, zwei Wasserstoffatome nähern sich einander; dann werden sich irgendwann die Aufenthaltsräume der Elektronen überlappen.

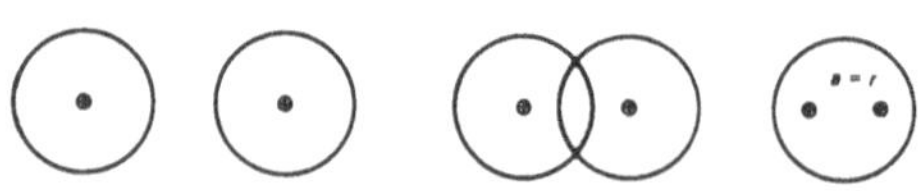

a b c

Bildung des H_2-Moleküls

Jeder Atomkern taucht zunehmend in die Elektronenwolke des anderen Atomkerns ein. Ein Elektron, welches ursprünglich nur unter der Wirkung seines Kernes stand, gerät auch unter die Wirkung des anderen Kernes und die Wahrscheinlichkeit, daß es sich in der Nähe des zweiten Kernes aufhält, wird immer größer. Die erhöhte Ladungsdichte bewirkt durch rein elektrostatische Kräfte den Zusammenhalt.

Man kann sich vorstellen, daß zwischen den zwei Wasserstoffatomen sowohl anziehende, als auch abstoßende Kräfte bestehen. Bringt man die Kerne zu dicht aneinander, so wird kinetische Energie verbraucht, weil die Elektronen auf einem kleinen Raum zusammengedrängt werden müssen. Zieht man die Atome auseinander, so wird potentielle Energie gebraucht, um die Anziehung der Kerne an die dazwischen befindlichen Elektronen zu überwinden. Eine quantitative Abschätzung der anziehenden und abstoßenden Kräfte ist auf anschaulichem Wege nicht möglich. Es besteht ja immer die Schwierigkeit, daß man sich das Elektron anschaulich als Massenteilchen vorstellt, während es in Wirklichkeit auch Welleneigenschaften hat, für die das gewohnheitsmäßige Bild fehlt. Man kann jedoch den Zustand der Elektronen auf der Grundlage der Wellenmechanik berechnen. Die Rechnung ergibt für die anziehenden und abstoßenden Kräfte folgendes Bild:

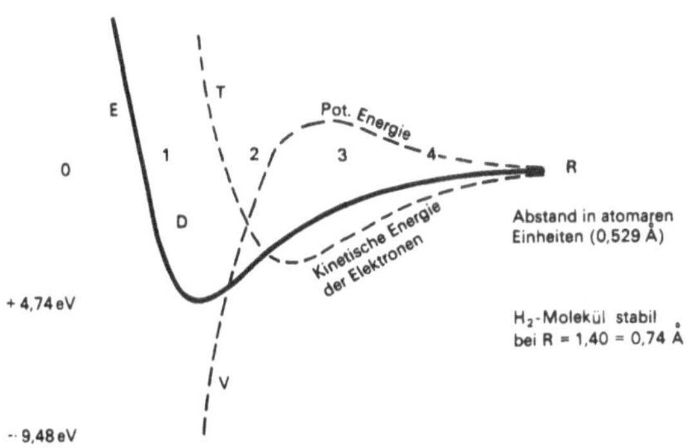

Verlauf der Gesamtenergie E, der kinetischen Energie T und der potentiellen Energie V als Funktion des Abstandes zweier H-Atome (die Überlagerung ist möglich, weil die Abnahme von T am Anfang größer ist als die durch die Abstoßung der Elektronenwolke bedingte Zunahme von V, wird $R < 1,4$, so nimmt T sehr stark zu)

Es gibt demnach einen Abstand, bei dem das Wasserstoffmolekül die niedrigste Energie hat. Dieser Abstand läßt sich heutzutage noch nicht ganz exakt, sondern nur in guter Näherung berechnen. Eine völlig exakte Berechnung ist erst für ein einziges Molekül, nämlich das Ion H_2^+ möglich. (Dieses Ion existiert allerdings unter normalen Bedingungen nicht.) Für die Näherungsrechnung gibt es mehrere Ansätze, von denen besonders zwei sehr bekannt sind: die "molecule-orbital-

Methode" (MO) und die "valence-bond-Methode" (VB). Es ist keineswegs so, daß beiden eine unterschiedliche Molekültheorie zugrunde liegt, es sind nur zwei Rechenansätze, die von etwas anderen Voraussetzungen ausgehen.

Die MO-Theorie geht davon aus, daß bei der Annäherung zweier Atome die Atomorbitale verschwinden und daß sich neue Orbitale, Molekülorbitale, ausbilden. Aus zwei Atomorbitalen werden zwei Molekülorbitale, von denen eins energieärmer, das andere energiereicher ist als die Atomorbitale. Die Elektronendichteverteilung in den Molekülorbitalen läßt sich wie in den Atomorbitalen über eine mathematische Funktion (allgemein Ψ -Funktion genannt) errechnen.

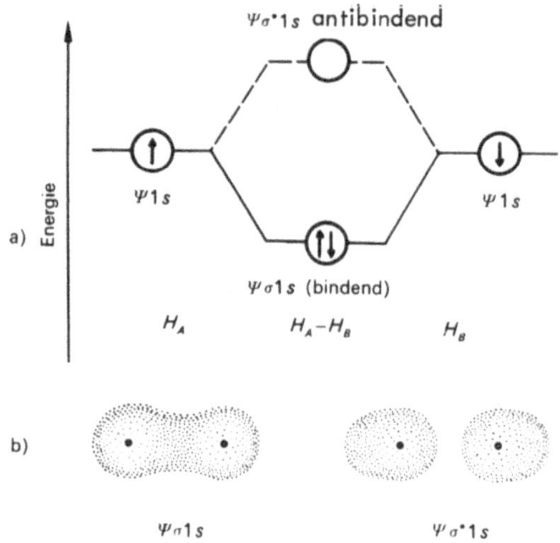

Bildung des H_2-Moleküls
a) Energieniveauschema
b) Form der beiden 1s-MO

Im Wasserstoffmolekül paaren sich beide Elektronen im energieärmeren, bindenden MO, das energiereichere, antibindende bleibt unbesetzt. Daraus resultiert der Energiegewinn.

Bei der VB-Behandlung behält man die Atomorbitale bei. Man geht von der Betrachtung aus, daß beim Annähern zweier Wasserstoffatome die Elektronen sowohl das Orbital des einen, wie auch gleichberechtigt das des anderen Atoms besetzen können. Der wirkliche Zustand liegt zwischen den beiden folgenden Zuständen, die man so formulieren kann:

$$H^{\bullet}{}_{\circ}H \longleftrightarrow H^{\circ}.H$$

Der wirkliche Zustand ist also eine Überlagerung dieser sogenannten Grenzzustände, die im einzelnen keine Realität besitzen.

Nach der Atombindung nun einiges zum Wasserstoff:

H ist im Kosmos das häufigste Element. Das weiß man aus der Beobachtung der Spektren des Lichts der Gestirne. Man findet in ihnen die schon erwähnte Paschen-, Balmer-, Lyman-Serie usw. (Evtl. Verschiebungen der Frequenzen durch Dopplereffekt!) Auf der Erde ist Wasserstoff nicht so häufig, es bildet knapp 1 Gew. % der Erdrinde (allerdings 15,4 Atom %), Hauptvorkommen im Wasser.

Physikalische Eigenschaften

1. Geringes spez. Gewicht (früher Ballon- und Zeppelinfüllung mit Wasserstoff!?)

2. Großes Diffusionsvermögen, z. B. diffundiert H_2 schneller durch eine Tonwand als Luft. Dafür gilt folgende Gesetzmäßigkeit:

$$\frac{D_{H_2}}{D_{Luft}} = \frac{\sqrt{M_{Luft}}}{\sqrt{M_{H_2}}}$$

3. Großes Wärmeleitvermögen: Es ist eine Folge der großen Molekelgeschwindigkeit. Die Wärme wird dadurch schneller abgeführt. (Bei gleicher Temperatur ist für alle Gase $\frac{1}{2}$ mv^2 gleich. Folglich: Bei kleinem Molekulargewicht muß dann eine große mittlere Geschwindigkeit vorliegen, ebenso umgekehrt.

4. Schmelzpunkt = -259° C, Siedepunkt = -252° C, kritische Temperatur und kritischer Druck = $-239{,}9^\circ$ C/i2,8 atm. Die sogenannte kritische Temperatur ist die Temperatur, oberhalb der ein Gas bei noch so hohem Druck nicht mehr verflüssigt werden kann (d. h. , es kann keine Oberfläche mehr erzeugt werden).

Darstellung von H_2

1. Durch elektrolytische Zersetzung von H_2O. Es entstehen an der Kathode 2 Volumenteile H_2 und an der Anode 1 Volumenteil Sauerstoff (O_2).

2. Durch Wegnahme von Sauerstoff aus dem Wasser, mit Hilfe von Substanzen, die Sauerstoff noch fester binden als Wasserstoff, z. B. Na.

   $2\ Na + 2\ H_2O = 2\ NaOH + H_2$

   Bei höheren Temperaturen auch Eisen (800 - 900° C) und Kohlenstoff (1100°).

   $Fe + H_2O = FeO + H_2$

   $C + H_2O = CO + H_2$

3. Aus Säuren: mit Metallen, z.B. Zink
$2\ Zn + 4\ HCl = ZnCl_2 + H_2$

Chemische Eigenschaften des Wasserstoffs

1. Wasserstoff ist brennbar, fördert aber nicht die Verbrennung, eine brennende Kerze erlischt in H_2-Atmosphäre
Knallgasreaktion! (Volumen H_2 zu Volumen $O_2 = 2:1$)
Wasserstoffflamme: hohe Verbrennungswärme, $2\ H_2 + O_2 = 2\ H_2O + 136{,}6$ kcal.
Techn. Verwendung: Knallgasgebläse!

2. Wasserstoff als Reduktionsmittel (Sauerstoffentzugsmittel, später weitergehende Definition) z.B.: $CuO + H_2 = Cu + H_2O$

Wie früher schon erwähnt, gibt es außer H noch die beiden Isotope Deuterium und Tritium (1 bzw. 2 Neutronen zusätzlich); deshalb liegen in natürlichem H_2 auch noch die Moleküle HD, DD, HT, DT und TT vor.

Zur Herstellung von atomarem H ist Energie nötig:
$H_2 + 100$ kcal $= 2$ H

Diese kann in Form von elektrischer, thermischer oder Strahlungsenergie zugeführt werden. Technisch benutzt man thermische Energie. Man bläst einen H_2-Strom durch einen Lichtbogen. Die Lebensdauer von H-Atomen ist nur sehr kurz. Man muß sie also sofort nach der Darstellung verwenden, und zwar werden sie benutzt zum Schneiden und Schweißen von Edelmetallen mit hohem Schmelzpunkt. Dazu verwendet man die sogenannte Langmuir-Fackel.

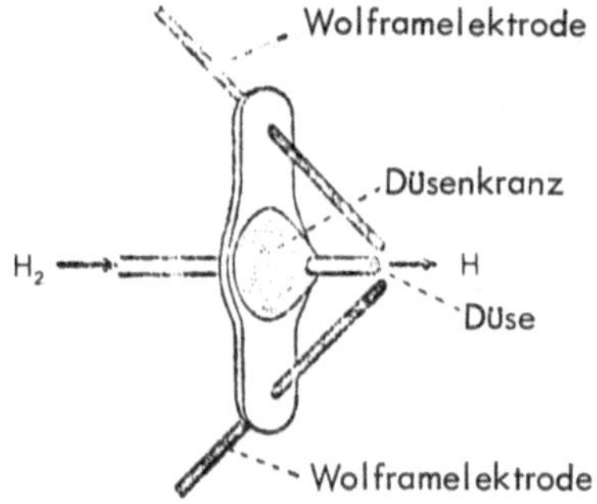

Darstellung von atomarem Wasserstoff nach Langmuir

Diese Langmuir – Fackel hat gegenüber einem Knallgasgebläse den großen Vorteil, daß in einer reduzierenden Atmosphäre geschweißt wird.

Der Strom atomaren Wasserstoffs wird durch ein konisches Rohr auf einen Punkt fokussiert. Wie erklärt es sich jedoch, daß die atomaren Wasserstoffe gerade an dem Punkt, an dem sie auf den Werkstoff auftreffen, miteinander zu Molekülen reagieren? (Warum sie überhaupt reagieren wurde schon besprochen: Sie nehmen einen energieärmeren Zustand an.) Es ist nicht zu erwarten, daß nach einer bestimmten Ausströmzeit sämtliche Wasserstoffatome reagieren. Dieser Vorgang verteilt sich über eine bestimmte Zeit und somit Strecke. Die Energie wird also nicht in einem Punkt frei. Die Energieverteilung sieht etwa aus wie die Geschwindigkeitsverteilung (s. S. 32). (Die Statistik ungesteuerter Vorgänge gibt immer derartige Kurven.):

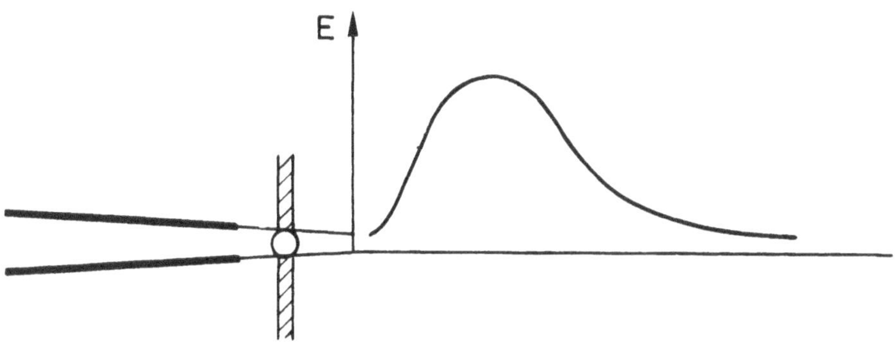

Die Voraussetzung, daß es zu einer Reaktion zwischen 2 H-Atomen kommt, ist, daß sie zusammenstoßen. Die Reaktionszeit hängt also davon ab, wieviel Atome pro Zeiteinheit aufeinanderprallen (Stoßzahl). Sie ist eine Funktion der Geschwindigkeit und des Querschnitts der Atome. Nun führt aber nicht jeder Zusammenstoß zum Erfolg. Z.B. müssen zwei schnelle Teilchen, die frontal zusammenstoßen, wieder auseinanderstreben, weil ihr Impuls zu groß ist. Es ist also auch entscheidend, daß die Atome innerhalb eines bestimmten Winkelbereichs aufeinanderprallen. Die Erfolgsrate ist also noch von einem sterischen Faktor abhängig. Bei Reaktionen zwischen Molekülen beinhaltet der sterische Faktor zusätzlich noch etwas anderes: Es kommt darauf an, in welcher Weise zwei Moleküle aufeinanderstoßen, z.B.

so

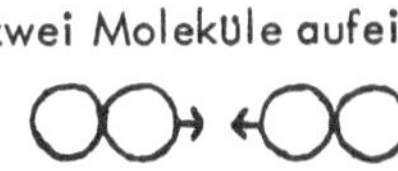

oder so

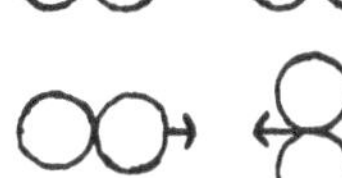

Eine weitaus größere Zahl von Stößen kann dann zum Erfolg führen, wenn beim Zusammenstoß gleichzeitig Energie abgeführt werden kann. Dies ist der Grund, warum sich das Werkstück vor der Langmuir-Fackel erwärmt. Es nimmt einen großen Teil der Stoßenergie auf. Man spricht von einem "Dreierstoß"; zwei Reaktionspartner + "Wand". Durch die Anwesenheit der "Wand" und ihre Wirkung wird die Reaktion beschleunigt. Eine solche "Beschleunigung" einer chemischen Reaktion bezeichnet man als Katalyse, die Metalloberfläche ist der Katalysator. Dadurch wird erreicht, daß tatsächlich ein sehr großer Teil der Wasserstoffatome in einem Punkt zum Molekül rekombiniert, und die Energie des Lichtbogens weitgehend auf diesen Punkt fokussiert wird. Dies ist eine physikalische Katalyse, der Fall einer chemischen Katalyse wird beim Schwefel (s. S. 106) behandelt.

3. Halogene

Struktur der Halogenmoleküle	
Eigenschaften - Farbe	Farbe und Struktur
Dissoziationsenergie	σ- und π-Bindung
	p_π -d_π- Bindung
Halogenwasserstoffe:	
Darstellung	Kettenreaktionen
Struktur	polarisierte Atombindung - Elektronegativität - Dipolmoment Wasserstoffbrückenbindung - Assoziation
Jodwasserstoff	chem. Gleichgewicht - Massenwirkungsgesetz - Begriffe der Thermodynamik - Prinzip von Thomson und Berthelot - Enthalpie - Entropie - freie Enthalpie - freie Energie
Interhalogenverbindungen	Koordinationszahl - deren Abhängigkeit von der Größe des Zentralatoms
Edelgasfluoride	Bedeutung der Edelgaskonfiguration für die chem. Bindung

Die sogenannten Halogene sind die Elemente der VII. Hauptgruppe des Periodensystems. Fluor, Chlor, Brom, Jod und Astat. Das letztere ist ein radioaktives Element, von dem zwar viele Isotope existieren, die aber durchweg nur eine geringe Lebensdauer haben, so daß es nicht möglich ist, größere Mengen Astat anzureichern. Man weiß aber, daß die Eigenschaften des Astat nicht von den Eigenschaften, die aufgrund seiner Stellung im Periodensystem, als höchstes

Homologes der übrigen Halogene, zu erwarten sind, abweichen. Jedes Halogenatom hat mit 7 Außenelektronen eine unsymmetrische und daher energiereiche Elektronenhülle. Deshalb versuchen sich die Atome durch Molekülbildung zu stabilisieren. Sie tun das in der gleichen Weise wie Wasserstoffatome, nämlich durch Bildung zweiatomiger Moleküle über Atombindungen. Man formuliert diese Moleküle folgendermaßen:

$$:\ddot{\underset{..}{F}}:\ddot{\underset{..}{F}}: \qquad \text{oder} \qquad |\overline{\underline{F}}-\overline{\underline{F}}| \quad \text{usw.}$$

Äußere Elektronenpaare an einem Atom, die nicht für eine Bindung benötigt werden, können also der Einfachheit halber durch einen anliegenden Strich gekennzeichnet werden. Durch die Atombindung erreichen praktisch beide Atome die stabile Edelgaskonfiguration.

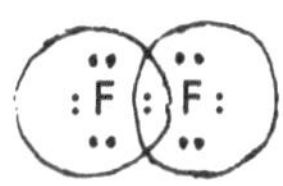

Da alle Halogene gleichartig aufgebaute, nämlich zweiatomige Moleküle bilden, ändern sich die physikalischen Eigenschaften fast ebenso regelmäßig in Abhängigkeit von der Masse und Größe wie bei den Edelgasen. Die folgende Tabelle zeigt einige physikalische Eigenschaften der Halogene.

Physikalische Eigenschaften der Halogene

	FLUOR	CHLOR	BROM	JOD
Aussehen	schwach gelbliches Gas	grünes Gas	braunschwarze Flüssigkeit, Dampf rotbraun	metallisch glänzende Schuppen, Dampf violett
Elektronenanordnung über das vorstehende Edelgas hinaus	He $2s^2 2p^5$	Ne $3s^2 3p^5$	Ar $3d^{10} 4s^2 4p^5$	Kr $4d^{10} 5s^2 5p^5$
Schmelzpunkt °C	-223	-1o2	-7,3	114
Siedepunkt °C	-187	-34,5	59	183
Dissoziationsenergie kcal/Mol	37,7	56,9	45,2	35,4
Elektronenaffinität kcal/Mol	-9o,o	-92,5	-87,1	-79,2
Elektronegativität	4,o	3,o	2,8	2,4

Eine weitere Eigenschaft, die sich ebenfalls kontinuierlich ändert, ist die Farbtiefe. Fluor ist ist hellgelb, Chlor gelbgrün, Brom dunkelrot und Jod fast schwarz. Der Zusammenhang mit der Farbe ist folgendermaßen: Je größer ein Atom ist, desto leichter ist seine Elektronenhülle deformierbar, weil der Kernabstand größer ist,und die Ladung durch die inneren Elektronen stark abgeschirmt wird. Das gilt auch für Atome innerhalb eines Moleküls. Die Außenelektronen sind demnach durch Zufuhr kleiner Energiebeträge anregbar. Unser normales, sichtbares, sogenanntes weißes Licht enthält Strahlen verschiedener Frequenzen und damit Energien. Bekanntlich kann man es durch ein Prisma zerlegen in rot, orange, gelb, grün, blau, indigo, violett und kann es sich wieder zu weißem Licht überlagern lassen. Blendet man eine Farbe, einen bestimmten Bereich, aus, so resultiert nicht mehr weißes Licht, sondern die Komplementärfarbe. Wenn nun ein Stoff einen Teil der Strahlung absorbiert und zur Anregung seiner Elektronen verwendet, so hat das einen ähnlichen Effekt, wie wenn man einen bestimmten Frequenzbereich des weißen Lichtes ausblendet. Dieser Stoff erscheint dann farbig. Wird z.B. violettes Licht absorbiert, so sieht der Stoff gelb aus.

Daß die Elektronenhülle des Jods schon sehr leicht deformierbar ist, ersieht man daran, daß die Moleküle der Lösungsmittel Tetrachlorkohlenstoff, Benzol und Wasser merklich unterschiedlich auf das Anregungsschema der Elektronen des Jods einwirken (s.S. 78).

Ein Blick auf die Dissoziationsenergien der Halogenmoleküle in der Tabelle zeigt, daß die physikalischen Eigenschaften innerhalb der Gruppe der Halogene nicht mehr ganz so einfach von der Atomgröße abhängen wie bei den Edelgasen. Das liegt einfach daran, daß nicht mehr - wie bei den Edelgasen - isolierte Atome vorliegen, sondern zweiatomige Moleküle. Das Chlormolekül ist am stabilsten. Die Abnahme der Dissoziationsenergie vom Chlor zum Jod ist leicht so zu verstehen: Die Bindung über ein gemeinsames Elektronenpaar wird umso schwächer, je größer der Abstand der Atome ist. Schwieriger ist es, einzusehen, warum ein Fluormolekül weniger stabil ist als ein Chlormolekül. Hier lassen sich zwei Deutungsvorschläge machen, die gleichermaßen ein Verständnis ermöglichen:

Vom Standpunkt der MO-Theorie muß man berücksichtigen, daß in allen Halogenmolekülen antibindende MO's besetzt sein müssen. In der Valenzelektronenschale sind jeweils 5 p-Elektronen, also 10 pro Molekül, für die nur 3 bindende Molekülorbitale zur Verfügung stehen. 4 p-Elektronen müssen also in antibindenden MO's untergebracht sein. Es läßt sich nun errechnen, daß deren lockernder Einfluß umso größer ist, je geringer der Atomabstand im Molekül ist, was besonders für das F_2-Molekül zutrifft. Ein anderer Einfluß läßt sich leichter erklären, wenn man Atomorbitale betrachtet, wie es die VB-Theorie tut. In einem Halogenmolekül besteht in Wirklichkeit keine "einfache" Elektronenpaarbindung wie beim Wasserstoffmolekül. Eine etwas genauere räumliche Betrachtung zeigt, daß volle p-Orbitale des einen Halogenatoms mit freien d-Orbitalen eines anderen Halogenatoms in Wechselwirkung treten, "überlappen" können, sofern freie d-Orbitale vorhanden sind. Das Fluoratom hat nun keine freien d-Orbitale, wohl aber die schwereren Halogenatome. Diese Art der Bindung, die zusätzlich zur einfachen Bindung (der sogenannten σ-Bindung) auftreten kann, und die man als p_{π} -d_{π}-Bindung bezeichnet, ist also beim F_2-Molekül nicht möglich (s.S. 131).

Zusammengefaßt:

MO: F_2 = weniger als 1-fach Bindung	VB: F_2 = 1-fach Bindung
Cl_2, Br_2, J_2 = 1-fach Bindung	Cl_2, Br_2, J_2 = etwas mehr als 1-fach Bindung

Insgesamt betrachtet ist die Stabilität der Halogenmoleküle verhältnismäßig gering. Zumindest verbinden sich die Halogenatome mit jedem anderen Element lieber als mit sich selbst. Deshalb kommen sie auch in der Natur nicht frei vor.

Verbindungen der Halogene mit Wasserstoff:

Sämtliche Halogenmoleküle reagieren mit Wasserstoff unter Bildung von Molekülen der Zusammensetzung HHal (HF, HCl, HBr, HJ). Allgemein kann man formulieren

$$H_2 + Hal_2 = 2\,HHal + \text{Energie}$$

Die Bildungsenergie ist beim Fluor weitaus am stärksten. Fluor reagiert bereits bei Zimmertemperatur im Dunkeln sehr heftig. Beim Chlor muß man die Reaktion erst einleiten, indem man Chloratome bildet. Das geschieht aber sehr leicht schon durch Lichteinwirkung (Spaltung der Cl_2-Moleküle durch UV-Licht). Chlormoleküle selbst reagieren wegen ihrer vergleichsweise hohen Stabilität und wegen der verhältnismäßig geringen Bildungswärme gegenüber der von HF nicht spontan.

$$(H_2 + Cl_2 = 2\,HCl + 44\text{ kcal}$$
$$H_2 + F_2 = 2\,HF + 128{,}4\text{ kcal}).$$

Wenn aber ein paar Cl-Atome vorhanden sind, die viel leichter reagieren können als Cl_2-Moleküle, beginnt eine sogenannte Kettenreaktion:

$$Cl + H_2 = HCl + H - 1{,}0\text{ kcal}$$
$$H + Cl_2 = HCl + Cl + 45{,}0\text{ kcal} \quad \text{usw.}$$

Brom reagiert mit Wasserstoff noch träger als Chlor. Auch diese Reaktion muß katalysiert werden, wenn man günstige Ausbeuten erhalten will.

Die Reaktion des Jods mit Wasserstoff wird wegen ihres theoretischen Interesses später behandelt (s.S. 46).

Die folgende Tabelle zeigt die physikalischen Eigenschaften der Halogenwasserstoffe.

Eigenschaften der Halogenwasserstoffverbindungen

	HF	HCl	HBr	HI
Schmelzpunkt (°C)	− 83,1	− 114,8	− 86,9	− 50,7
Siedepunkt (°C)	19,5	− 84,9	− 66,8	− 35,4
Verdampfungsenthalpie (kcal/Mol)	7,24	3,85	4,21	4,72
Bildungsenthalpie (kcal/Mol)	− 64,2	− 22,06	− 8,66	+ 6,20

In dieser Tabelle fällt auf, daß Schmelzpunkt, Siedepunkt und Verdampfungswärme von HF völlig aus der Rolle fallen. In einem kalten Raum liegt Fluorwasserstoff in flüssiger Form vor (KP = 19,5° C). (KP = Kondensationspunkt.) Um zu verstehen, wie es zu dieser Unregelmäßigkeit kommt, muß man sich erst einmal etwas näher mit den Bindungsverhältnissen in den Halogenwasserstoffen beschäftigen. Es tritt hier erstmals der Fall auf, daß in einer chem. Verbindung zwei ungleichartige Atome miteinander verbunden sind. Die Verbindung zwischen einem Wasserstoff- und einem Halogenatom wird ebenso wie die im Wasserstoff- oder im Halogenmolekül durch ein gemeinsames Elektronenpaar hergestellt. Es handelt sich also auch um eine Atombindung.

Z.B.: H· + ·F̤̈: = H:F̤̈: oder H−F̅|

Dennoch besteht ein gewisser Unterschied gegenüber dem H_2- oder F_2-Molekül. Das Fluoratom hat nämlich ein viel größeres Bestreben, das Elektronenpaar an sich zu ziehen, als das Wasserstoffatom. Die beiden bindenden Elektronen werden sich deshalb im zeitlichen Mittel näher beim Fluor aufhalten, was man folgendermaßen formulieren kann

H :F̤̈:

Jetzt ist aber die Ladungsdichte nicht mehr gleichmäßig über das Molekül verteilt. Das Fluoratom ist innerhalb der Verbindung HF gegenüber dem Wasserstoffatom negativ aufgeladen

$\overset{\delta+}{\mathrm{H}}$ $\overset{\delta-}{:\ddot{\mathrm{F}}:}$

Der Ladungsunterschied beträgt allerdings nur einen Teil einer Elementarladung (Partialladung), die durch das Zeichen δ+ bzw. δ− dargestellt wird. Durch die ungleichmäßige Ladungsverteilung hat das Molekül den Charakter eines elektrischen Dipols, es zeigt ein meßbares Dipolmoment (gemessen in Debye (D)), und man kann sagen, das HF-Molekül wird durch eine "polare" Atombindung zusammengehalten.

Man kann sich vorstellen, daß die Tendenz der Halogenatome, innerhalb einer Halogenwasserstoffverbindung das bindende Elektronenpaar anzuziehen, verschieden groß sein wird. Sie wird vom Fluor zum Jod abnehmen. Tatsächlich nimmt das Dipolmoment von HF zum HJ von 1,9 auf 0,40 D ab. Diese Tendenz der verschiedenen Atomsorten, innerhalb einer Verbindung Elektronenpaare anzuziehen, ist schwer zu definieren und nicht zu messen. Man bezeichnet diese Tendenz als "Elektronegativität". Es ist eine Größe, die sich nur relativ ausdrücken läßt. Linus Pauling hat diese Elektronegativitäten unter Berücksichtigung verschiedener Faktoren, z.B. Bildungswärmen, errechnet. Er bezieht die so erhaltenen Zahlenwerte auf den Wert 4 für das Fluoratom. Das ist eine willkürliche, aber zweckmäßige Festsetzung. Hier die Elektronegativitäten einiger Elemente:

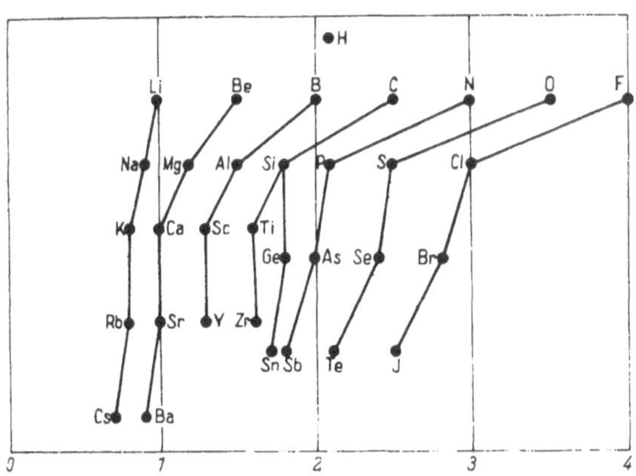

Elektronegativitätswerte nach Pauling

Periodizität der Elektronegativitäten

F	O	Cl	N	Br	S	C	J	Se	Te	P	H	As	B	Si	Sb	Ge
4,0	3,5	3,0	3,0	2,8	2,5	2,5	2,4	2,4	2,1	2,1	2,1	2,0	2,0	1,8	1,8	1,7

Sn	Ti	Zr	Al	Be	Sc	Y	Mg	Ca	Li	Sr	Na	Ba	K	Rb	Cs
1,7	1,6	1,6	1,5	1,5	1,3	1,3	1,2	1,0	1,0	1,0	0,9	0,9	0,8	0,8	0,7

Der Begriff Elektronegativität darf nicht mit Elektronenaffinität verwechselt werden. Während die Elektronenaffinität das Bestreben eines isolierten Atoms ausdrückt, Elektronen anzuziehen, gibt die Elektronegativität das Bestreben wieder, die innerhalb einer Verbindung vorhandenen

Elektronen anzuziehen. Die Elektronegativitäten lassen sich deshalb auch nach Mulliken durch das arithmetische Mittel aus der Ionisierungsenergie und Elektronenaffinität (und einem Faktor) errechnen.

Die Polarität der Atombindung bei den Halogenwasserstoffen bewirkt es, daß diese Moleküle aufeinander starke Wechselwirkungen ausüben. Das gilt in ganz extremer Weise für den Fluorwasserstoff. Im HF-Molekül geht es so weit, daß das Fluoratom dem Wasserstoffatom sein Elektron fast völlig entzieht. Dadurch wird das Wasserstoffatom um Größenordnungen verkleinert. Es liegt praktisch als Proton vor. (Ein Proton hat nur einen Durchmesser von $2 \cdot 10^{-13}$ cm.) Die Ladung des Protons ist also auf einen winzigen Raum beschränkt, es hat eine riesige "Ladungsdichte". Diese hohe Ladungsdichte befähigt das Proton und auch das Wasserstoffatom in einer so stark polaren Verbindung wie HF zu einer besonderen Bindungsart, der sogenannten "Wasserstoffbrückenbindung". Es ist eine besonders starke Dipol-Dipol-Wechselwirkung, die zu einer sogenannten Assoziation von HF-Molekülen führt:

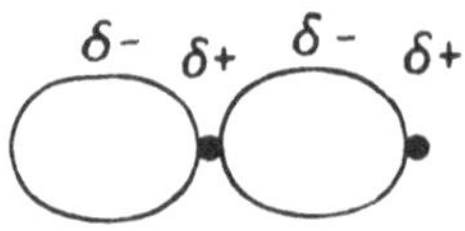

usw.

Mindestens im festen und flüssigen Zustand liegen also in Wirklichkeit keine HF-Moleküle vor, sondern kettenförmige "Assoziate". Daraus erklärt sich der hohe Schmelz- und Siedepunkt und die hohe Verdampfungswärme des HF. Es muß zusätzliche Energie aufgebracht werden, um diese Assoziate in HF-Moleküle oder zumindest in kleinere Bruckstücke aufzuspalten. Im HCl-Molekül ist die Dipolstärke und damit die Dipol-Dipol-Wechselwirkung längst nicht so groß. Sie macht sich in diesem Maße nur bei der Bindung des Wasserstoffs an stark elektronegative Elemente wie F, O und N bemerkbar. Die Wasserstoffbrückenbindung ist auch für Mediziner und Biologen interessant, da sie bei biochemischen Vorgängen eine große Rolle spielt.

Nun zur Jod-Wasserstoffbildung:

$$H_2 + J_2 = HJ + HJ$$

Die bisher besprochenen Reaktionen sind alle praktisch quantitativ abgelaufen. Wenn man jedoch farbloses HJ erhitzt, sieht man an der violetten Farbe, daß J_2 entsteht, und zwar umso mehr je höher die Temperatur ist. Die Farbtiefe verändert sich zeitlich nicht. Bei konstanter Temperatur stellt sich ein konstantes Gemisch ein.

Bei 300°C zerfallen 19 % HJ
" 443°C " 21 % HJ
" 1000°C " 33 % HJ

Beim Abkühlen sieht man, daß die Jodmenge wieder abnimmt. Die Menge der einzelnen Stoffe ist also eine Funktion der Temperatur; die durch die Gleichung angegebene Reaktion kann offensichtlich in beiden Richtungen ablaufen (umkehrbare oder "reversible" Reaktion) und es stellt sich ein von der Temperatur abhängiges Gleichgewicht ein. Diese Tatsache läßt sich gut verstehen, wenn man näher auf den Begriff der Reaktionsgeschwindigkeit eingeht und sie definiert. Man erkennt die Reaktionsgeschwindigkeit daran, wie schnell sich die Menge eines Reaktionspartners vermindert, bzw. die Menge eines Reaktionsproduktes erhöht. Man kann sie also definieren als Änderung einer Konzentration pro Zeiteinheit

$$v = \pm \frac{dc}{dt}$$

je nachdem, ob sich die Konzentration erhöht oder vermindert, ob man also die Konzentration eines Reaktionsproduktes oder eines Reaktionspartners betrachtet.

Andererseits ist bereits aus früheren Betrachtungen bekannt (s. S. 39), daß die Reaktionsgeschwindigkeit der Zahl der Zusammenstöße von Molekülen bzw. Atomen proportional sein muß: also $v \sim z$ bzw. $v = k \cdot z$. Die Zahl dieser Zusammenstöße ist eine Funktion der jeweils gerade vorhandenen Konzentration. Betrachtet man so die Jodwasserstoffbildung, so ist ihre Reaktionsgeschwindigkeit abhängig von der Konzentration an H_2 und J_2, d.h.

$$v = k \cdot c_{H_2} \cdot c_{J_2}$$

Weil diese beiden Stoffe ja nun miteinander reagieren, ist diese Reaktionsgeschwindigkeit keineswegs während der ganzen Reaktion konstant, sondern sie muß immer kleiner werden, weil ja durch die Reaktion die Konzentrationen an H_2 und J_2 ständig abnehmen. Nun tritt noch die Schwierigkeit auf, daß ja auch HJ zerfällt. Wenn man diesen Vorgang gesondert betrachtet, ist die Reaktionsgeschwindigkeit entsprechend der HJ-Bildung folgendermaßen zu formulieren:

$$v^* = k^* \cdot c_{HJ} \cdot c_{HJ} = k^* \cdot c_{HJ}^2$$

Im Gegensatz zur Geschwindigkeit v, die während der Reaktion abnimmt, weil die Konzentrationen an H_2 und J_2 abnehmen, wird v^* zunehmen, da ja die Konzentration an HJ zunimmt. Zu einem bestimmten Zeitpunkt wird $v = v^*$ werden, d.h. es wird sich ebensoviel HJ bilden, wie wieder zerfällt. Die Konzentrationen an H_2, J_2 und HJ bleiben von diesem Zeitpunkt an konstant, obwohl die Reaktionen selbst noch weitergehen. Wir erreichen einen Gleichgewichtszustand, aber ein "dynamisches" Gleichgewicht. Die Änderungen der Reaktionsgeschwindigkeiten mit der Zeit zeigt das folgende Bild:

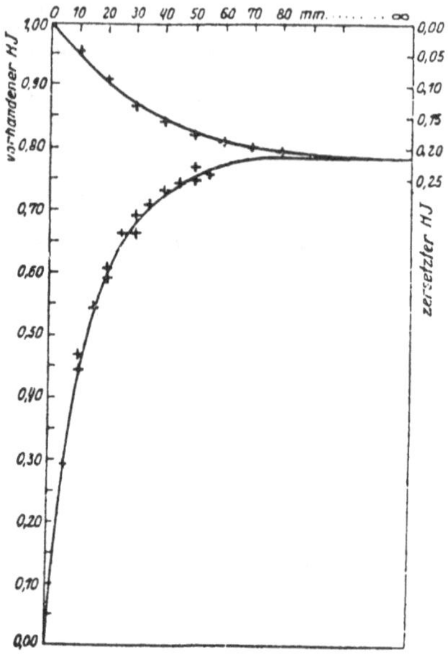

Reaktionsverlauf der Jodwasserstoffbildung (unten) und der Jodwasserstoffzersetzung (oben) nach Bodenstein

Für den Gleichgewichtszustand kann man formulieren

$$v = v^* \quad \text{bzw.} \quad k \cdot c_{H_2} \cdot c_{J_2} = k^* \cdot c_{HJ}^2$$

oder

$$\frac{c_{H_2} \cdot c_{J_2}}{c_{HJ}^2} = \frac{k^*}{k} = K$$

Das ist ein ganz fundamentales Gesetz, das man analog für jeden Gleichgewichtsvorgang formulieren kann. Es ist das "Massenwirkungsgesetz", das 1864 erstmals von Guldberg und Waage aufgestellt wurde. Es ist besonders deshalb so bedeutungsvoll, weil der allergrößte Teil der chemischen Reaktionen Gleichgewichtsreaktionen sind.

Bis jetzt wurden bei der Formulierung einer chemischen Reaktion die Reaktionspartner und die Reaktionsprodukte mit einem Gleichheitszeichen in Beziehung gebracht. Künftig wird dieses Zeichen nicht mehr verwendet, sondern stattdessen das sogenannte Gleichgewichtszeichen $\rightleftharpoons$.

Sollte einmal eine irreversible Reaktion vorkommen, so wird ein einzelner Pfeil geschrieben $\longrightarrow$.

Nun das Massenwirkungsgesetz in einer allgemeineren Form. Für eine beliebige Gleichgewichtsreaktion:

$$aA + bB + cC \ldots \rightleftharpoons mM + nN + oO \ldots$$

gilt das Massenwirkungsgesetz

$$\frac{c_A^a \cdot c_B^b \cdot c_C^c \ldots}{c_M^m \cdot c_N^n \cdot c_O^o \ldots} = K$$

Die Konstante K wird als Gleichgewichtskonstante bezeichnet. Die Konzentrationen werden im allgemeinen als sogenannte Molaritäten angegeben, d.h. als Anzahl Mole pro 1 Liter Volumen. Für diese Konzentrationsangabe verwendet man ein besonderes Zeichen, eine eckige Klammer. In diesem Falle sieht das Massenwirkungsgesetz folgendermaßen aus

$$\frac{[A]^a \cdot [B]^b \cdot [C]^c}{[M]^m \cdot [N]^n \cdot [O]^o} = K$$

In Worten ausgedrückt: Bei einer Gleichgewichtsreaktion ist (nach Erreichen des Gleichgewichtszustandes) der Quotient aus dem Produkt der Ausgangskonzentrationen und dem Produkt der Konzentrationen der Reaktionsprodukte konstant.

Die Bezeichnungen Ausgangsstoffe und Reaktionsprodukte scheinen bei einer Gleichgewichtsreaktion irreführend, denn man kann ja beide Seiten der Gleichung vertauschen. Deshalb hat man sich so geeinigt, daß die Konzentrationen der exotherm reagierenden Stoffe im MWG immer in den Zähler geschrieben werden. Das MWG war bei seiner Aufstellung sehr umstritten, da die Annahme eines chemischen Gleichgewichts dem Prinzip von Thompson und Berthelot widersprach. Dieses sagt aus: Die Triebkraft einer Reaktion kann nur darin bestehen, daß durch diese Reaktion ein energieärmerer Zustand erreicht wird (was durchaus richtig ist) und daß weiter die Energie dabei als Reaktionswärme (in der Themodynamik als "Reaktionsenthalpie" (Δ H) bezeichnet) abgegeben wird. Diese letztere Aussage ist falsch. Danach könnten endotherme Reaktionen niemals freiwillig ablaufen. Bei einer Gleichgewichtsreaktion muß aber jeweils eine endotherme Reaktion freiwillig ablaufen, denn sie enthält ja immer eine exotherme und eine endotherme Teilreaktion. Die Erklärung ist, daß die bei einer ablaufenden Reaktion freiwerdende Energie nicht völlig mit der Reaktionsenthalpie identisch ist. Sie wird als "freie Enthalpie" (Δ G) bezeichnet. Die freie Enthalpie schließt zwar die Reaktionsenthalpie ein, aber sie enthält außerdem ein anderes additives Glied, das die strukturellen Veränderungen berücksichtigt, die bei einer chemischen Reaktion auftreten. Dieses additive Glied ist temperaturabhängig (TΔS). ΔS wird als "Entropie" bezeichnet.

$$\Delta G = \Delta H - T\Delta S$$

Die Entropie ist ein Maß für den "Ordnungszustand" der Stoffe, die an einer Reaktion beteiligt sind. Die "freie Enthalpie" ändert sich bei einer Gleichgewichtsreaktion, wenn der Gleichgewichtszustand erreicht ist, nicht mehr. In diesem Zusammenhang gilt also

$$\Delta G = 0$$

Bei Reaktionen, die bei konstantem Volumen ablaufen, verwendet man anstelle der Funktion ΔG die sogenannte "freie Energie" ΔF. Sie unterscheidet sich von ΔG um den Betrag VΔp.

Zurück zum eigentlichen Thema, den Halogenen:

So gibt es z. B. Verbindungen der Halogene untereinander (Interhalogenverbindung).

Verbindungen der Halogene miteinander

Uebersicht

<table>
<tr>
<td>ClF, gasförmig
Smp. −155,6°
Sdp. −100,1°</td>
<td>BrCl, nur im Gleichgew. mit Br_2 und Cl_2 beständig

BrF, flüssig
Smp. ca. −33°
Sdp. ca. +20°</td>
<td>JBr, fest
Smp. ca. 40°
Sdp. 116°</td>
<td rowspan="2">JCl, fest
zwei Modifikationen:
α (stabile Modifikation) rubinrote Nadeln; spez. Gew. 3,22
Smp. 27,2°
β (metastabile Modifikation): braunrote, rhombische Tafeln: Smp. 13,9°, Sdp. in der Nähe von 100°</td>
</tr>
<tr>
<td>ClF_3, gasförmig
Smp. −82,6°
Sdp. +11,3°</td>
<td>BrF_3, flüssig
Smp. +8,8°
Sdp. +127°

BrF_5, flüssig
Smp. −61,3°
Sdp. +40,5°</td>
<td>JCl_3, fest
spez. Gewicht 3,11, subl.

JF_5, flüssig
Smp. +8,5
Sdp. +97°

JF_7, gasförmig
Smp. +4,5°
Sdp. +5,5°</td>
</tr>
</table>

Aus der Tabelle ersieht man, daß ein Fluoratom mit einem anderen nur ein zweiatomiges Molekül F_2 bilden kann, während sich ein Chloratom mit 3, ein Bromatom mit 5 und ein Jodatom sogar mit 7 Fluoratomen verbinden kann. Je größer ein Atom ist, um so mehr gleichartige Liganden kann es offenbar aufnehmen. Die Zahl der Liganden wird oft als "Koordinationszahl" bezeichnet. Das ist ein Begriff, der ursprünglich aus der sogenannten Komplexchemie stammt. Aus dem Verhalten der Interhalogenverbindungen kann man schließen: Innerhalb einer Gruppe des Periodensystems besteht die Tendenz, daß schwerere Atome gegenüber einem bestimmten Liganden eine höhere Koordinationszahl betätigen als leichtere. Dieses Verhalten läßt sich noch öfter beobachten.

Bei den Interhalogenverbindungen treten erstmalig Verbindungen auf, deren Moleküle mehr als zwei Atome enthalten, z.B. das JF_7. Das Jodatom hat 7 Valenzelektronen, und diese bilden jeweils mit dem ungepaarten Elektron eines F-Atoms ein gemeinsames Elektronenpaar (auf die Geometrie von Molekülen wird später eingegangen).

Es seien noch einige Verbindungen des Fluors erwähnt. Schon bei der Besprechung der Edelgase war gesagt worden, daß man jetzt Verbindungen der Edelgase kennt. Es ist naheliegend, daß sich die Edelgase (nur die schweren), wenn sie überhaupt Verbindungen bilden, am ehesten mit dem reaktionsfähigsten und elektronegativsten Element, dem Fluor, verbinden werden. Da das schwerste Edelgas, das Radon, als Untersuchungsobjekt zu selten und zu teuer ist, hat man hauptsächlich Reaktionen des zweitschwersten Edelgases, des Xenons, untersucht, und man weiß jetzt, daß Xenon mindestens 3 stabile Fluoride bildet, nämlich XeF_2, XeF_4 und XeF_6. Auch die Existenz eines XeF_8 ist recht wahrscheinlich. Die drei erstgenannten Verbindungen sind stabil. Es sind kristallisierte Substanzen, XeF_2(FP = 140° C), XeF_4(114° C), XeF_6(46° C) (FP = Schmelzpunkt), die sich unzersetzt sublimieren lassen.

Die Besprechung der Halogene wird an dieser Stelle unterbrochen, da zum Verständnis ihrer weiteren Verbindungen noch die Kenntnis anderer allgemeiner Zusammenhänge notwendig ist, z.B. die Eigenschaften des Wassers.

4. Alkalimetalle

	Eigenschaften von Metallen:
Struktur und Bindung	Glanz, elektr. u. Wärmeleitfähigkeit
physikalische Eigenschaften	Gittertypen von Metallen
	metallische Bindung: klassische Theorie

	- Bändermodell
chemische Eigenschaften	
Verwendung	Fotozelle, Flammenfärbung
Alkalihalogenide	Ionengittertypen - Ionenbindung - Vergleich: Atom - Ionen - Metallbindung Schmelzpunkte und Leitfähigkeit - deren Temperaturabhängigkeit. Übergänge zwischen den Bindungsarten Oxydation und Reduktion
Alkalihydride	Schmelzflußelektrolyse
das Hydridion H^-	

Hiermit wird erstmals eine Gruppe von Elementen besprochen, deren Vertreter Metalle sind. Weitaus der größte Teil aller Elemente hat metallischen Charakter. Die wichtigsten charakteristischen Eigenschaften der Metalle sind der metallische Glanz und die hohe Leitfähigkeit für Elektrizität und Wärme.

Zu den Alkalimetallen gehören die Elemente Lithium, Natrium, Kalium, Rubidium, Cäsium und Francium. Vom letzteren existieren nur radioaktive und sehr kurzlebige Isotope, so daß es nicht in größeren Mengen angereichert werden kann. Es hat deshalb für den Chemiker keine praktische Bedeutung.

Physikalische Eigenschaften der Alkalimetalle:

Eigenschaften der Alkalimetalle

	Lithium	Natrium	Kalium	Rubidium	Cäsium
Ordnungszahl	3	11	19	37	55
Elektronenanordnung	$[He]\,2s^1$	$[Ne]\,3s^1$	$[Ar]\,4s^1$	$[Kr]\,5s^1$	$[Xe]\,6s^1$
Atomgewicht	6,939	22,939	39,102	85,47	132,91
Dichte bei 20 °C in g/ccm	0,535	0,971	0,862	1,532	1,90
Schmelzpunkt °C	179	97,9	63,5	39,0	28,45
Siedepunkt °C	1336	883	757	700	670
Ionisierungspot. in eV	5,390	5,138	4,339	4,176	3,893
Elektronegativität (nach Pauling)	1,0	0,9	0,8	0,8	0,7
Atomradius in Å	1,225	1,572	2,025	2,16	2,35

Die Eigenschaften ändern sich weitgehend kontinuierlich mit der Atomgröße. Auffallend ist die Tatsache, daß die Schmelz- und Siedepunkte der Alkalimetalle mit steigender Ordnungszahl nicht zunehmen, sondern sinken. Das ist ein sicherer Hinweis dafür, daß diese Alkalimetalle im festen und flüssigen Zustand nicht aus Atomen oder Molekülen bestehen, die nur durch van der Waal'sche Kräfte zusammengehalten werden, wie das bei den Edelgasen und Halogenen der Fall ist. Im Gegensatz zu den Halogenen haben die Alkalimetalle ja auch kaum einen Grund, zweiatomige Moleküle zu bilden. Alle Alkalimetalle haben ein Elektron mehr als das vorangehende Edelgas. Durch Bildung zweiatomiger Moleküle kann zwar eine Spinkoppelung erreicht und somit ein kleiner Energiegewinn erzielt werden, aber es wird nicht, wie bei den Halogenmolekülen, die angestrebte Edelgaskonfiguration erreicht. Deshalb kommen zweiatomige Alkalimoleküle nur in kleinen Mengen in den Dämpfen von Alkalimetallen vor, die in der Hauptsache aus Atomen bestehen. Im festen Zustand stabilisieren sich dagegen die Alkalimetallatome auf eine ganz andere Weise. Es bildet sich ein Riesenmolekül, das aus unzähligen Metallatomen aufgebaut ist. Sämtliche Metalle liegen im festen Zustand in kristallisierter Form vor, d.h. die Atome sind streng geometrisch angeordnet. Man hat heutzutage Möglichkeiten, festzustellen, wie die einzelnen Atome im Kristallgitter angeordnet sind, und es hat sich herausgestellt, daß nur ganz wenige unterschiedliche Anordnungsmöglichkeiten bei den Metallen vorkommen. Die Atome versuchen, eine möglichst dichte Packung zu erreichen.

a) So kristallisiert Lithium z.B. in einem sogenannten kubisch raumzentrierten Gitter. Im gleichen Gittertyp kristallisieren auch die anderen Alkalimetalle (jedes Metallatom ist von 8 Nachbaratomen umgeben).

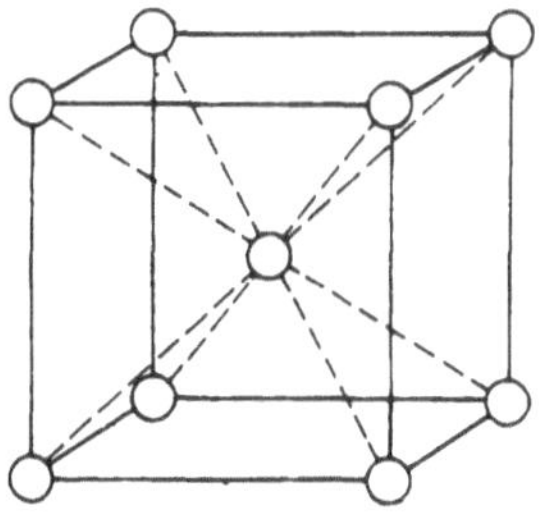

Kubisch raumzentriertes Gitter
(Kristallstruktur von α-Eisen)

b) Manche anderen Metalle kristallisieren in einem sogenannten kubisch flächenzentrierten Gitter, z.B. Al

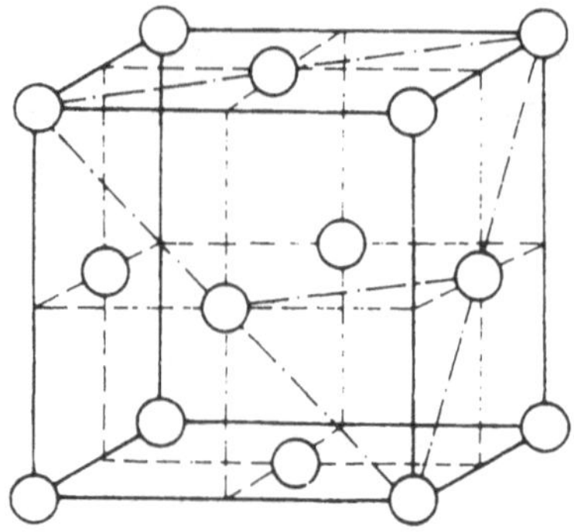

Kubisch flächenzentriert

Hier ist jedes Metallatom von 12 Nachbaratomen umgeben. Es ist hier die dichteste Packung erreicht, die innerhalb des kubischen Systems möglich ist. Diese Art der Atomanordnung nennt man daher auch kubisch dichteste Kugelpackung.

c) Nicht immer kristallisieren Metalle im kubischen Kristallsystem. Man begegnet auch der hexagonal dichtesten Kugelpackung, z.B. beim Mg.

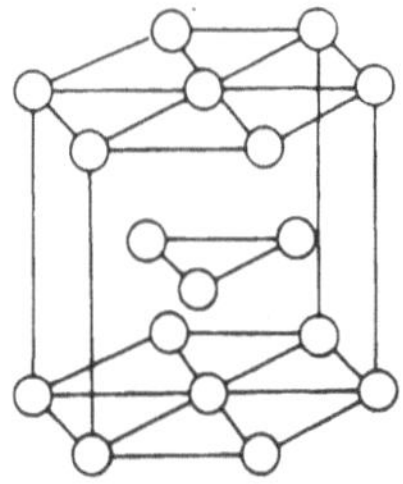

Hexagonal dichteste Kugelpackung
(Kristallstruktur des Magnesiums)

Hier hat ebenfalls jedes Metallatom 12 Nachbarn.

Die Einteilung der Kristallsysteme:

Bei der Aufklärung einer Kristallstruktur sucht man als erstes die sogenannte Elementarzelle, das ist die kleinste Einheit des Kristallgitters, die sich beim Aufbau immer wiederholt. Nach bestimmten Merkmalen dieser Elementarzelle, nämlich nach den Längen ihrer Kanten, und auch nach den Begrenzungswinkeln kann man sie in 6 bzw. 7 Systeme einteilen: kubisch, tetragonal, rhombisch, hexagonal, monoklin, triklin, ev. rhomboedrisch.

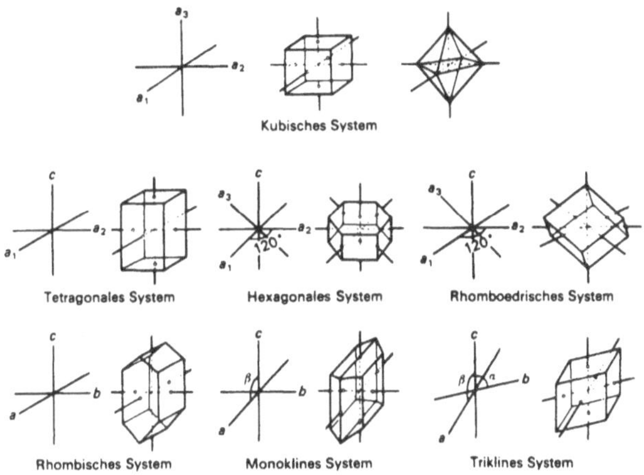

Kristallsysteme

kubisch	$a = b = c$	$\alpha = \beta = \gamma = 90°$	Steinsalz
tetragonal	$a = b \neq c$	$\alpha = \beta = \gamma = 90°$	weißes Zinn
orthorhombisch	$a \neq b \neq c$	$\alpha = \beta = \gamma = 90°$	α-Schwefel
monoklin	$a \neq b \neq c$	$\alpha = \gamma = 90°$ $\beta \neq 90°$	Kaliumchlorat
triklin	$a \neq b \neq c$	α, β, γ	Kaliumdichromat
hexagonal	$a \neq b \neq c$	$\alpha = \beta = 90°$ $\gamma = 120°$	Quarz
rhomboedrisch	$a = b = c$	$\alpha = \beta = \gamma \neq 90°$	Calcit

Elementarzellen

Bei Metallen kommen aber praktisch nur 3 Kristallstrukturen vor (s. oben).

Kristallstrukturen der Metalle
(KI = kubisch innenzentriertes Gitter; KF = kubisch flächenzentriertes Gitter; H = hexagonal dichteste Kugelpackung)

Li	Be									
KI	H									
Na	Mg	Al								
KI	H	KF								
K	Ca	Sc	Ti	V	Cr	Fe	Co	Ni	Cu	Zn
KI	KF	KF	H	KI	KI	KI	H	KF	KF	H
						KF	KF			
Rb	Sr	Y	Zr	Nb	Mo	Ru	Rh	Pd	Ag	Cd
KI	KF	H	H	KI	KI	H	KF	KF	KF	H
	H		KI							
	KI									
Cs	Ba	La	Hf	Ta	W	Os	Ir	Pt	Au	
KI	KI	H	H	KI	KI	H	KF	KF	KF	
		KF	KI							

Die Metallbindung

Wie sind die Bindungsverhältnisse in solchen Metallgittern? Die charakteristischen Eigenschaften der Metalle müssen ja in den Bindungsverhältnissen begründet sein. Es lassen sich auch hier nur Modellvorstellungen entwickeln. Die einfache, sogenannte klassische Vorstellung der Metallbindung besteht in der Annahme, daß die Gitterpunkte des Metallgitters mit positiven Metallionen besetzt sind. Man stellt sich vor, daß die Valenzelektronen oder zumindest ein Teil der Valenzelektronen frei beweglich ist, daß diese Elektronen im Metallgitter frei umherschwirren, wie die Partikel eines Gases. Man spricht von einem "Elektronengas". Das Elektronengas gewährleistet die Elektroneutralität des Metalls; die freie Beweglichkeit der Elektronen erklärt die hohe Leitfähigkeit der Metalle für Elektrizität und Wärme. Diese einfache Modellvorstellung genügt weitgehend, um die Eigenschaften der Metalle qualitativ zu erklären. Einer genauen quantitativen Betrachtung hält sie allerdings nicht stand. Etwas leistungsfähiger ist eine Modellvorstellung auf der Grundlage der MO-Theorie, die man folgendermaßen skizzieren kann: Nähern sich z.B. zwei Lithiumatome einander, die ja ein halbbesetztes 2s-Orbital und 3 unbesetzte 2p-Orbitale für Bindungen zur Verfügung stellen können, so bilden sich aus jeweils zwei einander entsprechenden Atomorbitalen zwei Molekülorbitale, von denen eins energiereicher, das andere energieärmer ist als die Atomorbitale. Nähert sich ein drittes Atom, so können drei energiegleiche Atomorbitale zu drei nicht ganz energiegleichen Molekülorbitalen kombinieren usw. Es bilden sich also über den ganzen Metallkristall sogenannte Energiebänder aus, mit einer sehr großen Anzahl von Molekülorbitalen, deren Energie sich jeweils um winzige Beträge unterscheidet, denn für den ganzen Kristall gilt das Pauli-Verbot. Die Energieunterschiede zwischen den Elektronenzuständen und den verschiedenen Orbitalen sind so winzig, daß ganz kleine Energiemengen genügen, um diese Elektronen anzuregen. Das geschieht z.B. bei der Bestrahlung mit sichtbarem Licht. Es wird Energie praktisch jeder Wellenlänge absorbiert und sofort wieder abgegeben. Dieses Modell erklärt also den Glanz der Metalle.

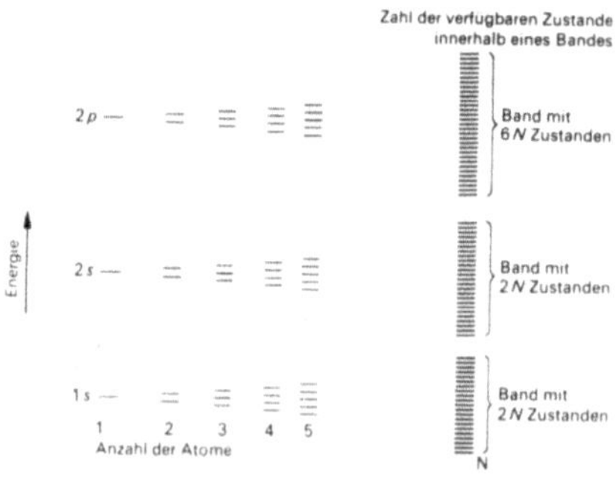

Bildung einer wachsenden Zahl von Energiezuständen (mit geringerem Energieunterschied) und schließlich eines Energiebandes

Energieband der Metalle

Eigenschaften der Alkalimetalle

Die Alkalimetalle sind silberglänzende, sehr leichte Metalle. Li, Na und K schwimmen auf dem Wasser, ihre Dichte ist < 1. Allerdings reagieren sie dabei heftig mit Wasser!

Wegen dieser großen Reaktionsfähigkeit gegenüber Wasser wird Na zum Trocknen organischer Lösungsmittel verwendet. Dabei macht man sich zunutze, daß die Alkalimetalle sehr weich und verformbar sind. In einer mechanischen Presse werden Na-Stückchen zu Draht gepreßt und in die Flaschen mit org. Lösungsmittel, z.B. Äther, gegeben.

Die Alkalimetalle sind nicht nur gegenüber Wasser empfindlich, sondern auch gegenüber vielen anderen Stoffen, z.B. schon gegenüber Sauerstoff. Deshalb muß man sie gegen Lufteinwirkung schützen. Man bewahrt sie unter Petroleum auf.

Alkalimetalle reagieren sogar mit Stickstoff. Lithium reagiert mit Stickstoff leichter als mit Sauerstoff. Es bildet sich daher an der Luft ein Überzug von Lithiumnitrid, nicht Lithiumoxid.

Wegen ihrer Reaktionsfähigkeit sind die Alkalimetalle zwar schwer zu handhaben, andererseits aber für Synthesen sehr geeignet. Deshalb werden Natrium und Lithium großtechnisch hergestellt. Natrium dient außerdem wegen seiner guten Wärmeleitfähigkeit als Kühlmittel (im Umlauf) in Reaktoren und in Ventilen von Automotoren.

In kleinen Mengen werden Alkalimetalle verwendet für den Bau von Alkaliphotozellen. Wegen ihrer geringen Ionisierungsspannung emittieren Alkalimetalle schon bei Lichteinwirkung Elektronen. Die Menge der emittierten Elektronen, also die Stärke des Elektronenstroms, hängt von der Lichtmenge ab. Man kann also die Messung von Lichtintensitäten auf eine Strommessung zurückführen.

Die leichte Ionisierbarkeit der Alkalimetalle ermöglicht auch einen einfachen analytischen Nachweis. Alkalimetallatome verleihen einer Flamme charakteristische Färbungen (Na gelb, K violett).

Diese leichte Ionisierbarkeit bestimmt das gesamte chemische Verhalten der Alkalimetalle. Die Reaktionen der Alkalimetalle und der Aufbau ihrer Verbindungen sind daher besonders einfach und übersichtlich.

Verbindungen der Alkalimetalle

Die wichtigsten Verbindungen der Alkalimetalle sind die Alkalihalogenide. Das NaCl, Kochsalz, wird aus Salzlagerstätten gewonnen, die durch Verdunstung von Meerwasser entstanden sind.

Die Kochsalzkristalle sind folgendermaßen aufgebaut: Es ist nur eine geringe Energiemenge nötig, um aus einem Na-Atom ein Elektron abzuspalten. Das Atom geht dabei über in ein positiv geladenes Natriumion, Na^+, das die Elektronenanordnung des Edelgases Neon besitzt. Ein Chloratom hat dagegen das Bestreben, ein Elektron aufzunehmen, um die stabile Elektronenanordnung des Edelgases Argon zu erreichen. Bei diesem Vorgang wird Energie frei, wie aus dem Vorzeichen der Elektronenaffinität des Chlors zu ersehen ist. Es ist also durchaus naheliegend, daß ein Na-Atom, wenn es in die Nähe eines Chloratoms kommt, diesem sein Valenzelektron abgibt. Da durch Elektronenübergang Ionen, und zwar ungleichartig geladene Teilchen, entstehen, werden sich diese Ionen gegenseitig elektrostatisch anziehen. Die elektrostatischen Kräfte, die von einem solchen kugelförmigen Ion ausgehen, sind aber nicht gerichtet. Sie wirken gleichmäßig in alle Raumrichtungen, und deshalb wird jedes Ion die Tendenz zeigen, sich mit möglichst viel anders geladenen Ionen zu umgeben. Das führt dazu, daß sich die Natrium- und Chlorionen nicht damit begnügen, sich zu zweit aneinander zu lagern, sondern daß sie ein Kristallgitter ausbilden, in dem jedes positive Ion von vielen negativen, und jedes negative von vielen positiven umgeben ist. Wie viele Nachbarn ein Ion hat, wird von zwei Bedingungen diktiert:

1. Insgesamt muß der Ionenkristall elektroneutral sein, d.h. es müssen ebenso viele positive wie negative Ladungen vorhanden sein.

2. Das Größenverhältnis der beiden Ionenarten bestimmt darüber, wie viele Nachbarn ein Ion haben kann, wie groß die "Koordinationszahl" ist.

Je nach diesem Größenverhältnis trifft man bei den Alkalihalogeniden zwei Kristallgittertypen an. Man nennt sie nach ihren charakteristischen Vertretern den Natriumchlorid-Typ und den Cäsiumjodid-Typ (auch CsCl-Typ). Im Steinsalz bilden die Kationen und die Anionen jeweils ein flächenzentriertes Gitter.

Jedes Na^+ ist von 6 Cl^-, jedes Cl^- von 6 Na^+ umgeben. Die Koordinationszahl der Na^+ und Cl^- ist also 6.

Das Cäsiumjodid ist aus zwei ineinandergestellten kubischen Gittern aufgebaut.

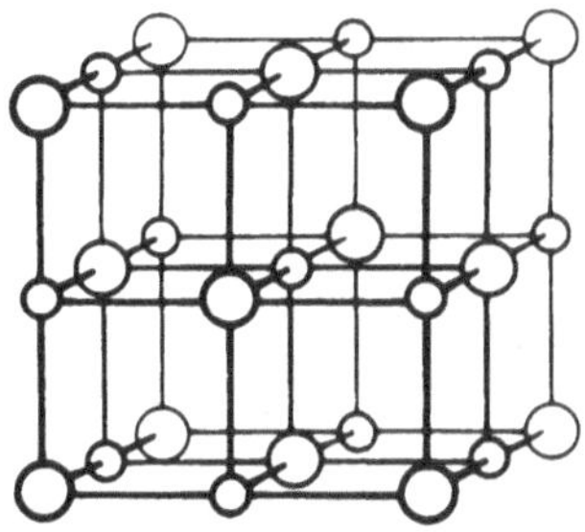

Steinsalztyp

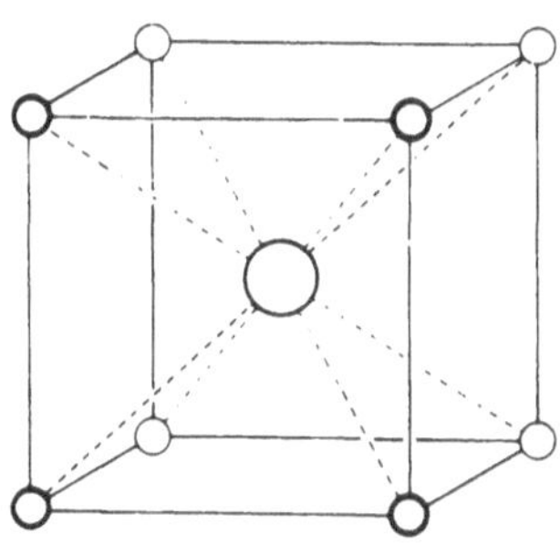

Die Koordinationszahl ist hier 8.

Alkalihalogenide - und das gleiche gilt für alle aus Ionen aufgebauten Stoffe - enthalten also keine begrenzten Moleküle, sondern sie bilden ein Riesenmolekül, dessen Abgrenzungen mit denen des makroskopischen Kristalls identisch sind.

Man dürfte also eigentlich kein Molekulargewicht angeben. Dennoch verwendet man aus praktischen Gründen diesen Begriff, und man bezieht sich dabei auf die kleinste denkbare Formeleinheit. Bei der Angabe des Molekulargewichts von NaCl summiert man also die Atomgewichte von Na (23) und Cl (35,5). Das ist wichtig zu wissen, weil man beim stöchiometrischen Rechnen oft mit dem Begriff Grammol operieren muß. Ein Grammol NaCl sind also definitionsgemäß 58,5 g NaCl; 175,5 g NaCl sind 3 Grammole usw.

Obwohl Ionenkristalle aus elektrisch geladenen Teilchen aufgebaut sind, leiten sie nicht den elektrischen Strom, weil diese Teilchen im Kristallgitter fixiert sind. Sie können nur Schwingungen um ihre Gitterpunkte ausführen, Schwingungen, deren Amplitude mit steigender Temperatur zunimmt. Wenn diese Schwingungen mit steigender Temperatur so stark werden, daß die Ionen aus ihren Ruhelagen gerissen werden, bricht das Kristallgitter zusammen, der Kristall schmilzt. Die elektrostatischen Kräfte zwischen den Ionen sind aber sehr stark und von jedem Ion geht eine große Zahl von Bindungen aus. Deshalb hält ein Ionenkristall sehr fest zusammen, und die Schmelzpunkte von Stoffen, die in Ionengittern kristallisieren, liegen sehr hoch.

Schmelz- und Siedepunkte der Alkalihalogenide in °C

	F		Cl		Br		J	
	Schmp.	Sdp.	Schmp.	Sdp.	Schmp.	Sdp.	Schmp.	Sdp.
Li	844	1681	614	1382	551	1312	450	1171
Na	992	1704	800	1465	747	1392	662	1304
K	857	1503	770	1407	742	1383	682	1324
Rb	760	1410	717	1381	677	1352	641	1304
Cs	684	1250	642	1300	636	1300	621	1280

Mit der Ionenbindung ist der dritte wichtige Typ der chemischen Bindung besprochen worden und es sollen jetzt ein paar vegleichende Betrachtungen bezüglich der verschiedenen Bindungsarten angestellt werden.

Vergleich der drei Bindungsarten

Atombindungen sind im Gegensatz zur Ionen- und Metallbindung gerichtet. Daher haben diese Moleküle im festen, flüssigen und gasförmigen Zustand in der Regel die gleiche Gestalt, nur daß sie im festen Zustand durch zusätzliche van der Waal'sche Kräfte nach einem bestimmten Ordnungsprinzip zusammengehalten werden. Von Ionen- und Metallbindung kann man überhaupt nur bei Stoffen im festen und bestenfalls im flüssigen Zustand sprechen. Die Bindungskräfte sind ungerichtet, die Anordnung der Bausteine hängt nur von geometrischen Bedingungen ab.

Die Bindungskräfte in Ionenkristallen sind sehr stark, die Schmelzpunkte liegen daher sehr hoch.

Bei Verbindungen mit Atombindungen liegen die Schmelzpunkte in der Regel niedrig, da beim Schmelzen nur die van der Waal'schen Kräfte zwischen den Molekülen überwunden werden müssen. Es gibt allerdings auch Riesenmoleküle, die aus Atomen aufgebaut sind, zwischen denen Atombindungen bestehen. Solche Stoffe haben deshalb sehr hohe Schmelzpunkte (Diamant, SiO_2), denn die Atombindungen selbst sind ja sehr fest, und es muß eine hohe Dissoziationsenergie aufgebracht werden, um sie zu sprengen. Im Gegensatz zu den bisher besprochenen Molekül-, Metall- und Ionengittern spricht man hier von Atomgittern.

Sehr unterschiedlich ist die elektrische Leitfähigkeit von Verbindungen mit den unterschiedlichen Bindungsarten: Stoffe mit Atombindung sind in allen 3 Aggregatzuständen Nichtleiter.

Metalle leiten den Strom sowohl im festen als auch im flüssigen Zustand, die Leitfähigkeit nimmt mit steigender Temperatur ab. Ionenkristalle leiten den elektrischen Strom nicht, weil die Ionen ihre festen Plätze einnehmen. Im geschmolzenen Zustand leiten sie dagegen, weil die nun beweglich gewordenen Ionen Ladung transportieren. Die Leitfähigkeit nimmt mit steigender Temperatur zu, weil die Ionenbeweglichkeit zunimmt. (Abnahme der Viskosität). Beim geschmolzenen Ionenkristall ist die Leitfähigkeit mit einem Stofftransport verbunden, bei der metallischen Leitfähigkeit werden nur Elektronen transportiert.

Nach dem bisher Gesagten sieht es so aus, als ob ganz strenge und charakteristische Unterschiede zwischen den einzelnen Bindungsarten bestehen. Dem ist aber nicht so, sie haben im Gegensatz sehr vieles gemeinsam, und die meisten Stoffe haben Bindungen mit Eigenschaften zwischen den charakterisierten Bindungsarten. Es ist schon die polarisierte Atombindung besprochen worden (s. S. 44). Sie stellt einen Übergang zur Ionenbindung dar. Man kann die Ionenbindung als einen Spezialfall der polarisierten Atombindung betrachten, bei der die Polarisation so weit forgeschritten ist, daß von einem Partner zum anderen eine gesamte Elementarladung, nämlich ein Elektron, übertragen wurde. Reine Atombindungen hat man überhaupt nur bei Verbindungen zweier gleicher Partner. Sobald Atome unterschiedlicher Elektronegativität zusammentreten, tritt eine Polarisation ein, und die Bindung erhält einen teilweise ionogenen Charakter. Die Größe des Ionenbindungsanteils hängt von der Größe der Elektronegativitätsdifferenz der beiden Bindungspartner ab. Es gibt eigentlich auch keine ganz reine Ionenbindung. Es ist immer ein gewisser Atombindungsanteil vorhanden. Wenn man die Elektronegativitätstabelle betrachtet (s. S. 45), wird man feststellen, daß beim CsF der geringste Atombindungsanteil vorliegen wird. Bei einer Elektronegativitätsdifferenz von 1,9 und mehr spricht man (mit den erwähnten Einschränkungen) von einer Ionenbindung. Es sei noch erwähnt, daß es auch ebenso Übergänge zwischen Metall- und Ionenbindung einerseits und Metall- und Atombindung andererseits gibt.

Das Zustandekommen der Ionenbindung war so erklärt worden, daß ein Atom an ein anderes ein Elektron abgibt und daß dadurch ungleich geladene Ionen entstehen, die sich elektrostatisch anziehen. Solche Elektronenübergänge finden sehr häufig statt, und sie sind keineswegs nur im Zusammenhang mit der Ionenbindung interessant. Prinzipiell sind Elektronenübergänge immer möglich, wenn Partner unterschiedlicher Elektronegativität zusammentreffen. Man nennt solche Elektronenübergänge Redoxvorgänge. Der Name ist von den Begriffen Reduktion und Oxydation abgeleitet. Es ist schon erwähnt worden, daß eine Reduktion vorliegt, wenn einer sauerstoffhaltigen Verbindung Sauerstoff entzogen wird, und daß eine Aufnahme von Sauerstoff eine Oxydation darstellt.

Oxydation und Reduktion

Jetzt können die Begriffe Oxydation und Reduktion viel umfassender definiert werden:

> Reduktion ist die Aufnahme von Elektronen durch ein Atom, Molekül oder Ion.
>
> Oxydation ist die Abgabe von Elektronen durch ein Atom, Molekül oder Ion.

Partner, die Elektronen abgeben, werden Reduktionsmittel, Partner, die Elektronen aufnehmen, Oxydationsmittel genannt.

Die Begriffe Reduktionsmittel und Oxydationsmittel sind allerdings keine absoluten Begriffe; denn die Frage, in welcher Richtung ein Elektronenübergang stattfindet, hängt davon ab, ob der Reaktionspartner elektronegativer ist oder nicht. Absolut ist der Begriff bestenfalls für die Elemente, die an den beiden Enden der Elektronegativitätsskala stehen. Fluor wird immer ein Oxydationsmittel sein, Cäsium immer ein Reduktionsmittel. Dagegen wird z.B. Wasserstoff gegenüber Halogenen und vielen anderen Elementen als Reduktionsmittel wirken, gegenüber Alkalimetallen sollte es jedoch nur als Oxydationsmittel wirksam sein können.

Hydride der Alkalimetalle

Wenn man Wasserstoff in der Wärme auf Alkalimetalle einwirken läßt, findet eine Reaktion statt. Es bilden sich farblose, kristalline Verbindungen, die 1 g-Atom H pro 1 g-Atom Alkalimetall enthalten, z.B. LiH. Im flüssigen Zustand sind diese Verbindungen leitend. Die Verbindungen sind also aus Ionen aufgebaut. Verwendet man für die Prüfung der Leitfähigkeit eine Gleichspannung, so beobachtet man, daß sich an der Kathode (neg.), metallisches Natrium abscheidet, und daß sich an der Anode Wasserstoffgas entwickelt. Der Wasserstoff muß also vorher in Form von negativen Wasserstoffionen, H^-, vorgelegen haben. Den Vorgang einer Elektronenübertragung auf Ionen in einer Schmelze oder einer Lösung mit Hilfe von Elektroden unter der Wirkung des elektrischen Stroms bezeichnet man als Elektrolyse.

Die Tatsache, daß es negative Wasserstoffionen gibt, erklärt sich dadurch, daß das Wasserstoffatom durch Aufnahme eines Elektrons die stabile Heliumschale erhält. Positive Wasserstoffionen, H^+, die überall in der Literatur genannt werden, gibt es isoliert (bei normalen Temperaturen) nicht. Wasserstoff bildet bei der Verbindung mit elektronegativeren Elementen Atombindungen aus. Wenn bei einer Redoxreaktion H^+ gebildet werden, was sehr häufig der Fall ist, lagern sie sich sofort an ein anderes Molekül oder Ion an. Allerdings wird auch hier aus Gründen der Bequemlichkeit oft mit H^+ formuliert werden.

Noch einmal zurück zur Elektrolyse. Beim Anlegen einer genügend hohen Gleichspannung an eine Schmelze oder Lösung, die Ionen enthält, wandern die positiven Ionen (Kationen) zur Kathode, die negativen (Anionen) zur Anode. An der Kathode nehmen die Ionen die ihrer Ladung entsprechende Anzahl Elektronen auf und werden dadurch zum neutralen Atom oder Molekül reduziert. Die Kathode ist also ein Reduktionsmittel. An der Anode passiert das umgekehrte. Die Anode ist praktisch ein Oxydationsmittel. Führt man die Elektrolyse in einer Salzschmelze durch, so spricht man von einer Schmelzelektrolyse oder Schmelzflußelektrolyse.

Elektrolytische Prozesse spielen in der Technik eine enorm wichtige Rolle. Alkalimetalle werden z.B. immer durch Schmelzelektrolyse von Alkalihalogeniden dargestellt. Als Nebenprodukt gewinnt man dabei Halogene, meistens Chlor. Fluor kann man überhaupt nur elektrolytisch gewinnen. Es liegt in der Natur immer in Form von F^- vor und es gibt wegen der hohen Elektronegativität des Fluors kein chemisches Oxydationsmittel, das F^- zu Fluor oxydieren kann. Die Oxydationswirkung der Anode ist dagegen praktisch unbegrenzt.

5. Chalkogene

physikalische Eigenschaften

Wertigkeit und Oxydationszahl

Sauerstoff

Vorkommen und Häufigkeit

das Molekül O_2

Doppelbindung

Eigenschaften des O_2

Verwendung

Löslichkeit, Henry-Dalton'sches Gesetz

Ozon

Bindungswinkel,
Mesomerie - Hybridisierung
Hybridorbitale

Eigenschaften des Ozons

Wasser

Bildung und Bildungswärme

Struktur

Dipolmoment, Bindungswinkel

Struktur von Eis

Wasserstoffbrückenbindung

Dichtemaximum fl. Wassers

vom Wasser abgeleitete Maßeinheiten:
Celsiusskala, Liter, Kalorie
Druckabhängigkeit von Schmelz- u. Siedepunkt
Dampfdruck, Flächen-, Kanten- u. Eckenenergie
Sublimation; der Begriff: Phase;
Tripelpunkt

Dissoziation des Wassers

das Oxoniumion

Dissoziationskonstante, Ionenprodukt,
p_H-Wert, Basen und Säuren (Arrhenius).
Hydratation - Neutralisation;

Wasser als Lösungsmittel

elektrolytische Dissoziation
Ursache für Löslichkeit in Wasser

Jod in verschiedenen Solventien

Additionsverbindungen

Jodstärke

Einschlußverbindungen

Kristallwasser

Die Chalkogene (6. Hauptgruppe d. P.) sind die 5 Elemente: Sauerstoff, Schwefel, Selen, Tellur und Polonium. Das radioaktive Polonium kommt als Zerfallprodukt in sehr kleinen Mengen in Uran- und Thoriummineralien vor (Eigenschaften entsprechend den anderen Chalkogenen; keine praktische Bedeutung).

Beim Vergleich der physikalischen Eigenschaften entstehen bei den Chalkogenen insofern Schwierigkeiten, als alle diese Elemente in mehreren Modifikationen auftreten können. Man bezieht sich deshalb, sofern man nicht Eigenschaften nennt, die sich auf das isolierte Atom beziehen, wie z. B. Atomradius und Ionisierungspotential, zweckmäßigerweise auf die jeweils unter Normalbedingungen thermodynamisch stabilste Modifikation. Atomar kommen die Chalkogene unter Normalbedingungen nicht vor.

	Sauerstoff	Schwefel	Selen	Tellur
Atomgewicht	16.000	32.066	78.96	127.61
Spezifisches Gewicht	1.27[1]	2.06[2]	4.82[3]	6.25
Schmelzpunkt	−218.9°	119.0°[4]	220.2°[3]	452.0°
Siedepunkt	−182.96°	444.60°	688°	1390°
Farbe (niedermolekulare Form)	hellblau	gelb	rot	braun
Metallischer Charakter	→	nimmt zu	→	→
Affinität zu elektropositiven Elementen	→	nimmt ab	→	→
Affinität zu elektronegativen Elementen	→	nimmt zu	→	→
Säurecharakter der Oxide	→	nimmt ab	→	→
Wasserstoffverbindungen, Schmelzpunkt	0.00°	−85.60°	−60.4°	−51°
Wasserstoffverbindungen, Siedepunkt	100.00°	−60.75°	−41.5°	1.8°

[1] Fester Sauerstoff beim Schmelzpunkt
[2] Rhombischer Schwefel.
[3] Hexagonales Selen.
[4] Monokliner Schwefel.

Physikalische Eigenschaften der
Chalkogene

Das Auffallendste an dieser Tabelle ist, daß die physikalischen Eigenschaften des Sauerstoffs viel stärker von denen des Schwefels abweichen als die der anderen Elemente. Sauerstoff nimmt eine gewisse Sonderstellung ein, das eigentliche charakteristische Chalkogen ist nicht der Sauerstoff, sondern der Schwefel. Da den Chalkogenen zur Erreichung der Edelgaskonfiguration zwei Elektronen fehlen, besteht die Tendenz, zweifach negative Ionen, oder wie man auch sagt, zweiwertige Ionen, zu bilden, z.B. O^{2-}:

$$:\ddot{\underset{\cdot\cdot}{O}}:^{2-}$$

Allerdings ist die Elektronenaffinität der Chalkogene viel geringer als die der Halogene. Während bei der Bildung von Halogenionen, Hal^-, Energie frei wurde, wird für die Bildung zweiwertiger Chalkogenionen Energie verbraucht. Auch die Elektronegativität der Chalkogene ist, mit Ausnahme des Sauerstoffs, geringer als die der Halogene. Deshalb bilden Schwefel, Selen und Tellur nur mit den elektropositivsten Metallen ionisch aufgebaute Verbindungen. Sonst kommt es bei ihnen zu Verbindungen mit mehr oder weniger stark polarisierten Atombindungen. Der oben angeführte Begriff *Wertigkeit* wird nur für Ionen benutzt. Sein Gebrauch ist sehr zweckmäßig. Deshalb hat man versucht, einen äquivalenten Begriff für Verbindungen einzuführen, die nicht ionisch aufgebaut sind. Das ist der Begriff *Oxydationszahl*.

Die Oxydationszahl ist eine Zahl mit positivem oder negativem Vorzeichen, die die Ladung angibt, welche das Atom haben würde, wenn man die Elektronen in einem Atomverband in bestimmter Weise den einzelnen Atomen zuordnet. Für dieses Zuordnen gelten folgende Regeln:

1. In einer kovalenten Verbindung (kovalent = durch Atombindung verbunden) entspricht die Oxydationszahl der Ladung, welche jedes Atom erhält, wenn die bindenden Elektronenpaare vollständig dem elektronegativeren Atom zugeteilt werden.

2. Bei Elektronenpaaren zwischen zwei gleichen Atomen erhält jedes Atom *ein* Elektron.

Z.B.: Schwefelverbindungen der Metalle, die Metallsulfide, haben dann also (wenn nicht ionisch aufgebaut) die Oxydationszahl - 2. Bei einatomigen Ionen entspricht die Oxydationszahl der Wertigkeit.

Der Sauerstoff

Er ist das häufigste chemische Element auf der Erdoberfläche (46,6 Gew. %). Die Luft besteht zu rund einem Viertel aus Sauerstoff, das Wasser fast zu 90 Gew. %, und außerdem ist Sauerstoff in zahlreichen Erzen und Mineralien gebunden enthalten. Elementarer Sauerstoff kommt in zwei Modifikationen vor, als stabiles zweiatomiges Molekül O_2 und als das sehr unbeständige Ozon, das aus O_3-Molekülen besteht.

Da das Sauerstoffatom 6 Außenelektronen hat, kann es durch 2 weitere Elektronen zu einer Edelgasschale gelangen. Beim Wasserstoff und den Halogenen geschah dies durch Ausbildung eines gemeinsamen Elektronenpaares. Analog teilen sich zwei Sauerstoffatome zwei gemeinsame Elektronenpaare:

Die Atome sind also nicht über ein, sondern über zwei Elektronenpaare verbunden, man nennt dies eine *Doppelbindung*.

Die angegebene Struktur erklärt beim Sauerstoff eine ganze Reihe von Eigenschaften, nicht jedoch den Paramagnetismus des O_2, der durch ungepaarte Elektronen verursacht wird. Erst wenn man eine MO-Betrachtung anstellt, läßt sich auch diese Eigenschaft erklären (s.S. 130). Vom Sauerstoff ist es wichtig zu wissen, daß er ein farbloses, schwer zu verflüssigendes Gas ist (Kp = - 183 °C). Flüssiger und fester Sauerstoff ist blau gefärbt. Sauerstoff wird aus der Luft durch Verflüssigung und fraktionierte Destillation gewonnen. Er dient als Oxydationsmittel, z.B. zum Verbrennen von Acetylen oder Wasserstoff beim Schweißen. Flüssiger Sauerstoff dient als Oxydationsmittel in Treibstoffgemischen für Raketen.

Sauerstoff ist in Wasser recht gut löslich. Dieses Sichlösen ist ein rein physikalischer Vorgang, bei anderen Gasen kann der rein physikalische Vorgang durch einen chemischen Vorgang überlagert sein. Bei solchen physikalischen Lösungen eines Gases ist die Menge des gelösten Gases eine lineare Funktion des Gaspartialdrucks. Der Partialdruck einer Gassorte in einem Gasgemisch ist der Druck, den das Gas ausüben würde, wenn es in gleicher Menge in gleichem Raum allein vorhanden wäre. Es gilt die Gleichung:

$$c_{O_2\,gel.} = k \cdot p_{O_2}$$

Diese Gesetzmäßigkeit wurde erstmals von Henry und Dalton formuliert. Sie zeigt, daß ein dynamisches Gleichgewicht zwischen Gasphase und Lösung vorhanden ist. Der Proportionalitätsfaktor k ist für Sauerstoff viel größer als für Stickstoff, so daß in Wasser das Verhältnis Sauerstoff zu Stickstoff gegenüber in Luft stark zugunsten des Sauerstoffs verschoben ist.

Lösungen von Sauerstoff spielen für das organische Leben eine ungeheure Rolle, da der Sauerstoff die Nahrungsmittel oxydiert, wodurch die Energie für die Lebensvorgänge geliefert wird. Bei der Atmung wird Sauerstoff in der Blutflüssigkeit gelöst und von Metallverbindungen, die an Eiweißmoleküle gebunden sind, komplex gebunden.

So wird der Sauerstoff transportiert und auf die zu oxydierenden Stoffe übertragen.

Molekularer Sauerstoff ist sehr stabil, die Spaltung erfordert eine hohe Dissoziationsenergie. Man kann diese Energie durch Bestrahlung mit sehr kurzwelligem UV-Licht oder durch Glimmentladung bei vermindertem Druck aufbringen. Die entstehenden O-Atome reagieren leicht mit O_2-Molekülen unter Bildung von Ozon.

Ozon

Ozon ist ein blaues Gas von sehr intensivem Geruch (Höhensonne). Interessant ist seine Struktur. Die 3 Sauerstoffatome stehen in einem Winkel zueinander, $\sphericalangle = 116{,}5^{\circ}$. Der Bindungszustand läßt sich durch eine einzige Formel nicht wiedergeben. Man schreibt in diesem Falle mehrere, sogenannte Grenzformeln, von denen jede gewisse Merkmale des wirklichen Bindungszustandes charakterisiert. Man spricht von "Resonanzformeln" oder "mesomeren Grenzformeln", die man durch den sogenannten Mesomeriepfeil $\longleftrightarrow$ verbindet.

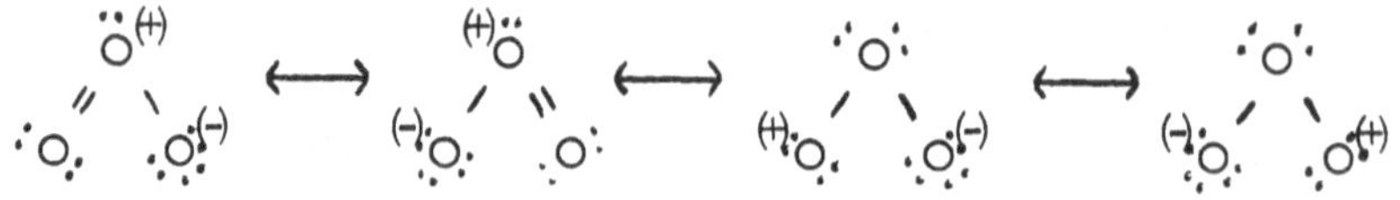

Die einzelnen Grenzstrukturen haben keinerlei praktische Bedeutung. Der Name Resonanz bedeutet nicht, daß das Molekül zwischen den einzelnen Strukturen hin und her schwingt, sondern die Summe der Formeln beschreibt einen einzigen Molekülzustand, der dazwischen liegt.

Nun zum Bindungswinkel des Ozons. Schon öfter war erwähnt worden, daß Atombindungen gerichtet sind, aber es war noch nichts Näheres über die Richtung dieser Bindung ausgesagt worden.

Wenn man davon ausgeht, daß die Bindung durch Überlappung von Atomorbitalen zustandekommt, sollte man erwarten, daß es bei der Überlappung von s-Orbitalen überhaupt keine Vorzugsrichtung gibt, und daß bei der Überlappung von p-Orbitalen nur 90°-Winkel vorkommen. Das ist aber keineswegs der Fall. Es kommen sehr häufig Winkel vor, die erheblich von 90° abweichen, und zwar auch, wie beim Beispiel Ozon, bei Verbindungen von Elementen, denen nur s- und p-Orbitale zur Verfügung stehen. (Wenn d-Orbitale vorhanden sind, d.h. also bei Elementen von der zweiten 8er-Periode ab, sind ja auch andere Winkel denkbar, denn die d-Orbitale haben eine kompliziertere Symmetrie.)

Bei der Erklärung der Bindungswinkel fällt besonders auf: Einerseits sind <u>drei</u> p-Orbitale vorhanden, die wie die Achsen eines kartesischen Koordinatensystems gerichtet sind (p_x, p_y, p_z), so daß das Atom praktisch eine 3er-Symmetrie besitzt, andererseits besteht aber die Tendenz, <u>vier</u> Elektronenpaare aufzunehmen, die möglicherweise 4 Partner binden können. Um diese Diskrepanz zu überbrücken, ist durch Einführung der Bastardisierung, oder auch Hybridisierung genannt, eine sehr brauchbare Modellvorstellung entwickelt worden. Auf mathematischem Wege kann man beweisen, daß man s-, p- und auch d-Orbitale kombinieren kann zu neuen "Hybridorbitalen", daß dabei ein Energiegewinn erzielt wird und daß man mit der Geometrie dieser neuen "Hybridorbitale" die Geometrie der Moleküle ausgezeichnet erklären kann. Der bekannteste Fall einer solchen Bastardisierung ist die Bildung eines sogenannten sp^3-hybrids. Ein s- und drei p-Orbitale kombinieren zu 4 Orbitalen, die in die Ecken eines Tetraeders gerichtet sind. Die 4 Hybridorbitale sind untereinander energiegleich. Verbindungen, in denen

4 gleiche Liganden an ein zentrales Atom gebunden sind, wie z.B. Methan, CH_4, oder Tetrachlorkohlenstoff, CCl_4, zeigen in der Regel eine ideale tetraedrische Anordnung der Liganden.

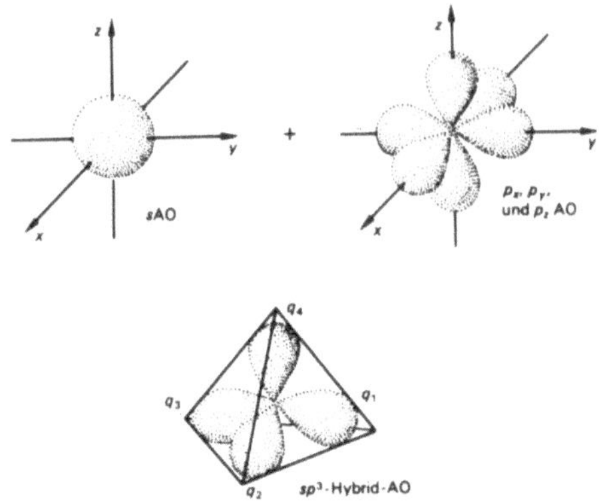

Die geometrische Anordnung einiger anderer Hybridorbitale:

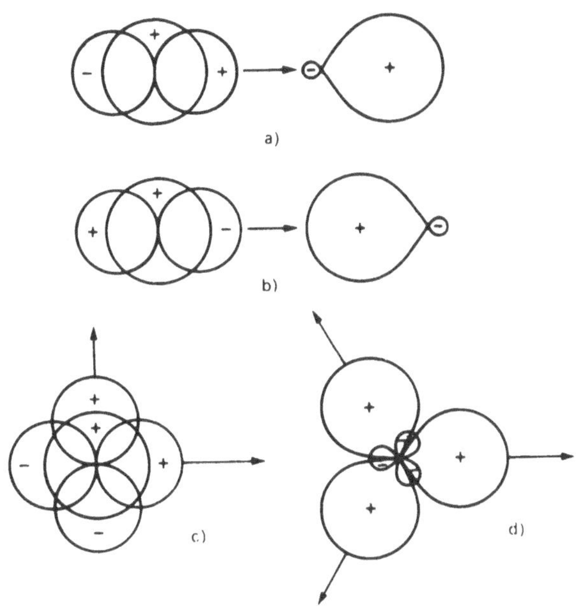

Hybrid-AO durch Ueberlagerung der Wellenfunktionen von s- und p-AO
a) und b) Bildung von zwei sp-Hybrid-AO
c) und d) Bildung dreier sp^2-Hybrid-AO (c die nicht hybridisierten 2s-, $2p_x$- und $2p_y$-AO)

Die Vorzeichen + und - beziehen sich auf das Vorzeichen der Wellenfunktion (s.S.36)

Beim Ozon ist wegen des teilweisen Doppelbindungscharakters die Molekülgeometrie komplizierter. Es soll deshalb hier nicht näher auf sie eingegangen werden.

Ozon ist nach Fluor das stärkste Oxydationsmittel, wahrscheinlich durch entstehenden atomaren Sauerstoff; es ist ein sehr starkes Gift.

Verbindungen des Sauerstoffs

Mit Wasserstoff bildet der Sauerstoff drei Verbindungen: Wasser, H_2O; Wasserstoffperoxid, H_2O_2; und Wasserstoffhyperoxid, HO_2 (nicht sehr wichtig).

Das Wasser

Ein Gemisch von zwei Raumteilen Wasserstoff und einem Raumteil Sauerstoff, das bei normalen Temperaturen beständig ist, reagiert beim Entzünden heftig unter Bildung von Wasser. Pro Mol wird eine Energie von 68,32 kcal frei.

$$H_2 + \frac{1}{2}O_2 \rightleftharpoons H_2O + 68{,}32 \text{ kcal}$$

Die hohe Bildungswärme zeugt für die hohe Stabilität des Wassermoleküls. In ihm bestehen zwischen O und H Atombindungen, die aber stark polarisiert sind, denn zwischen O und H besteht eine Elektronegativitätsdifferenz. Wasser zeigt ein sehr hohes *Dipolmoment*.

Dadurch ist bewiesen, daß das Molekül gewinkelt gebaut sein muß. Wäre es gestreckt, dann würde es nach außen hin *kein* Dipolmoment zeigen, die Dipolmomente innerhalb des Moleküls müßten sich aufheben.

$$\overset{\delta+}{H} \qquad \overset{\delta-}{:\ddot{\underset{\cdot\cdot}{O}}:} \qquad \overset{\delta+}{H}$$

Der Winkel im Wassermolekül beträgt 104,40°.

Dadurch fallen die Schwerpunkte der negativen und der positiven Ladung nicht zusammen. Der Bindungswinkel, der ja ziemlich stark von 90° abweicht, zeigt, daß für die Bindung sp^3-Hybridorbitale des Sauerstoffs benutzt werden.

Im festen Zustand, also im Eis, sind die Wassermoleküle sehr locker angeordnet. Der Aufbau der häufigsten Eismodifikation:

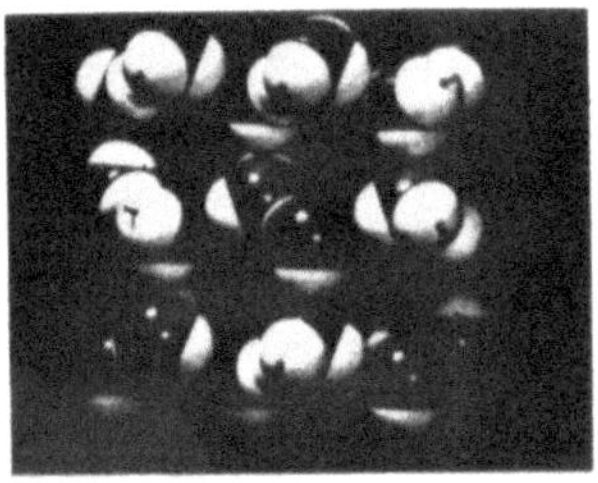

Eisstruktur

Es gibt mindestens 6 verschiedene Eismodifikationen. Der lockere Aufbau des Eises ist eine der besonderen Eigenheiten des Wassers. Während normalerweise im festen Zustand eine dichtere Molekülpackung erreicht wird als im flüssigen, ist es beim Wasser umgekehrt. Eis hat eine geringere Dichte als Wasser von 0°. Auch das flüssige Wasser hat bei tieferen Temperaturen noch eine Art Kristallcharakter. Die Moleküle zeigen auch dann noch eine gewisse Ordnung. Die Erklärung dafür liegt wie beim Fluorwasserstoff in der Tendenz zur Ausbildung von Wasserstoffbrücken.

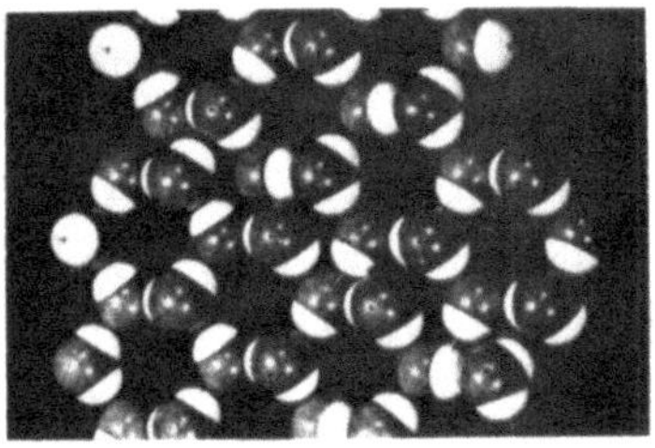

"Struktur" von Wasser

Mit steigender Temperatur wird die Kristallordnung zerstört, was zu einer Erhöhung der Dichte führt. Andererseits führt natürlich, wie bei allen anderen Flüssigkeiten, Temperaturerhöhung durch Beschleunigung der Molekülbewegung zu einer Volumenausweitung und somit Dichteerniedrigung. Die Dichte des Wassers muß demnach ein Maximum durchlaufen; es liegt bei 3,98° C.

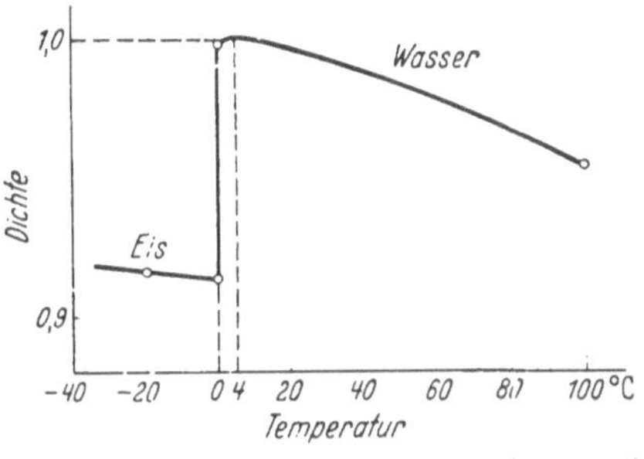

Die Dichte von Wasser und Eis in Abhängigkeit von der Temperatur (schematisch)

Der 0-Punkt der Celsius-Temperaturskala liegt laut Definition beim Schmelzpunkt des Eises, 100°C entsprechen der Siedetemperatur des Wassers bei 760 Torr.

Das Wasser spielt überhaupt eine große Rolle für die Festlegung von Meßgrößen. So ist z.B. 1 l definiert als das Volumen von 1 kg luftfreien Wassers bei 3,98°C und 760 Torr.

Ferner: 1 cal = Wärmemenge, die erforderlich ist, um 1 g Wasser von 14,5 auf 15,5°C zu erwärmen

Die Tatsache, daß das Schmelzen von Eis mit einer Dichteerhöhung verbunden ist, führt dazu, daß der Schmelzpunkt durch Druckerhöhung erniedrigt wird. (Bei 2000 atm. - 20°C). Das folgt einfach aus dem Prinzip von Le Chatelier (dem "Prinzip der Flucht vor dem Zwang"). An dieser Stelle sei die Druckabhängigkeit von Schmelz- und Siedepunkt behandelt. (Die Ursache des Schmelzens war aus dem Gegeneinanderwirken der anziehenden Kräfte zwischen den Partikeln und ihrer kinetischen Energie zu verstehen). Wie für die gasförmigen gilt auch für flüssige und feste Stoffe, daß ihre Teilchen unterschiedliche Energie haben können. Z.B. wirken auf die Bausteine eines Kristalls unterschiedliche Kräfte ein, je nachdem ob sie sich im Innern, an einer Kristallfläche, einer Kante oder einer Ecke befinden.

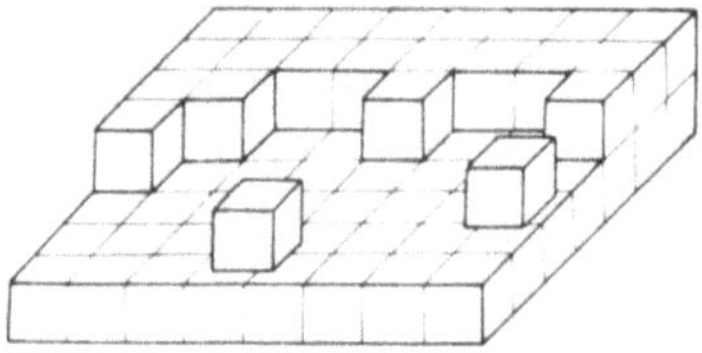

Kristallgitterlagen

Es wird unterschiedliche Energie nötig sein, um diese Bausteinchen aus dem Kristallgefüge herauszulösen. Die "Abtrennungsarbeit" ist verschieden groß. So kommt es, daß sich bei einer Flüssigkeit auch unterhalb des Siedepunktes und sogar bei Feststoffen, ständig Partikelchen selbständig machen und in den Gaszustand übergehen. Das ist auch der Grund, warum eine Flüssigkeit allmählich verdunstet, wenn man sie in einem offenen Gefäß stehen läßt. In einem geschlossenen Gefäß wirkt sich etwas anderes aus. Auch hierin verdampfen Partikelchen, aber andererseits kondensieren sich wieder Teilchen aus dem Gasraum, und so passiert schließlich das gleiche, wie bei einer reversiblen chemischen Reaktion. Es stellt sich ein dynamisches Gleichgewicht ein, wobei im Gasraum eine ganz bestimmte

Konzentration vorhanden ist. Man kann auch sagen, es ist ein bestimmter Gasdruck oder Dampfdruck vorhanden, denn eine bestimmte Gasmenge erzeugt in einem gegebenen Volumen einen bestimmten Druck. Beim Wasser hat dieser Dampfdruck in Abhängigkeit von der Temperatur folgende Werte:

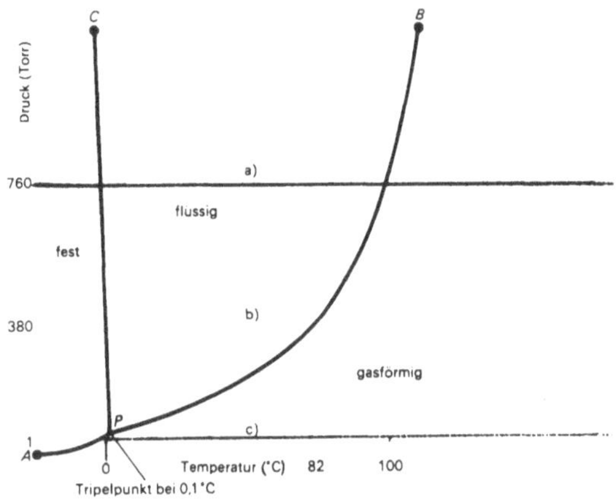

Phasendiagramm von Wasser

Es existiert ein Punkt in diesem Diagramm, bei dem alle drei Aggregatzustände im Gleichgewicht sind. Solch einen Punkt nennt man Tripelpunkt. Es gibt Stoffe, die vom festen Zustand gleich in den Dampfzustand übergehen, z.B. Jod. Diesen Übergang fest-gasförmig bezeichnet man als Sublimation.

Bei der Sublimation von Jod erkennt man an der Intensität der Farbe des Joddampfes, daß sich bei gegebener Temperatur tatsächlich eine bestimmte Dampfkonzentration in der Gasphase einstellt.

Der Begriff Phase bedeutet: "Eine Phase ist ein in sich homogener Teil eines Systems, der von anderen Teilen durch physikalische Grenzen getrennt ist."

Mischungen von Gasen bilden immer eine Phase, da Gase immer miteinander beliebig mischbar sind. Dagegen können Flüssigkeitsgemische mehrphasig sein, z.B. Öl und Wasser. Feste Stoffe können natürlich ebenfalls mehrphasig sein. Granit besteht z.B. aus den festen Phasen Quarz, Glimmer und Feldspat.

Fortsetzung der Besprechung des Wassers:

Die Besonderheiten in den physikalischen Eigenschaften des Wassers beruhen im wesentlichen auf seinem Dipolcharakter und auf seiner Neigung zur Assoziation. Wenn man die physikalischen Eigenschaften der Wasserstoffverbindungen der Chalkogene vergleicht, beobachtet man etwa das gleiche Bild wie bei den Halogenwasserstoffen. Jeweils die ersten Glieder, HF und H_2O, fallen aus dem Rahmen.

Die Eigenschaften der Chalkogenwasserstoffe

	Bindungsenergie X—H [kcal/mol]	Bildungswärme [kcal/mol]	Bindungswinkel [°]	Ionencharakter der X—H-Bindung [%]	F [°C]	Kp [°C]	Stabilität
$(H_2O)_x$	110,2	−57,8	104,45	33	0	100	sehr stabil
H_2S	82,6	− 5,3	92,2	~ 4	−85,6	−60,8	stabil
H_2Se	73,0	+18,5	91,0	~ 2,5	−60,4	−41,5	weniger stabil
H_2Te	57,5	+34,2	89,5	~ 0	−51,0	− 1,8	weniger stabil

Das chemische Verhalten des Wassers wird besonders durch drei Eigenschaften bestimmt:

Durch den Dipolcharakter des H_2O-Moleküls,

durch die Tendenz zur Wasserstoffbrückenbildung und

durch eine weitere Eigenschaft, die jetzt erklärt werden soll.

Trotz der großen Stabilität des Wasserstoffmoleküls, sind einige wenige Moleküle immer aufgespalten, dissoziiert. Diese Dissoziation geht folgendermaßen vor sich: Von einem Assoziat von Wassermolekülen löst sich ein OH^- ab

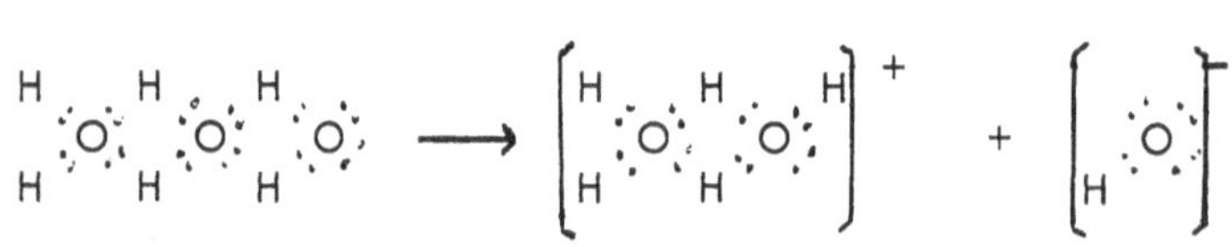

Zurück bleibt ein Addukt eines Protons an ein Wassermolekülassoziat. Man könnte auch sagen, ein protoniertes Wasserassoziat. Prinzipiell könnte man den Vorgang auch so auffassen, daß ein Wassermolekül in H^+ und OH^- gespalten wird, daß sich aber das H^+, das isoliert nicht beständig ist, sofort an ein Wassermolekül oder an ein Assoziat von Wassermolekülen anlagert.

Die erste Auffassung ist aber sicher richtiger. Da diese Assoziate sehr unterschiedliche Größen haben können, ist der Vorgang nicht leicht zu formulieren. Man beschreibt die Dissoziation also entweder

$$H_2O \rightleftharpoons H^+ + OH^- ,$$

wobei jederzeit daran zu denken ist, daß das H^+ hydratisiert, also mit Wassermolekülen verbunden ist. Oder man schreibt, damit man diese Hydratation auch zum Ausdruck bringt:

$$2\,H_2O \rightleftharpoons H_3O^+ + OH^-$$

Das Ion H_3O^+ wird Oxoniumion (früher "Hydronium") genannt. Auch diese letztere Formulierung entspricht nur zu einem geringen Prozentsatz der Wirklichkeit, das häufigste Teilchen ist ein Assoziat von 4 Wassermolekülen, das $H_9O_4^+$.

Die geringe Dissoziation des Wassers erkennt man aus der geringen elektrischen Leitfähigkeit reinen Wassers. Um reines Wasser herzustellen, genügt die Destillation aus Glasgefäßen nicht, weil sich sofort wieder Bestandteile des Glases in Wasser lösen. Man muß in Quarz- oder besser noch in Edelmetallapparaturen (z.B. aus Gold) destillieren.

Die quantitative Auswertung von Leitfähigkeitsmessungen oder auch von Messungen nach anderen Methoden ergibt, daß von 10 Mill. l Wasser nur 18 g H_2O (1 Mol) dissoziiert sind.

Die Dissoziation des Wassers ist auch ein Gleichgewichtsvorgang, so daß man das Massenwirkungsgesetz darauf anwenden kann. Für den Vorgang

$$(13{,}6\ \text{kcal}) + H_2O \rightleftharpoons H^+ + OH^-$$

lautet das Massenwirkungsgesetz

$$\frac{[H^+] \cdot [OH^-]}{[H_2O]} = K$$

Die Zahlenwerte für $[H^+]$ und $[OH^-]$ sind jeweils 10^{-7}, denn in 1 l Wasser ist, wie oben gesagt, 1/10 000 000 Mol dissoziiert, und bei dieser Dissoziation entsteht natürlich aus 1 H_2O-Molekül 1 H^+ und 1 OH^-. Die eckige Klammer bedeutet ja die Zahl der Mole, die in 1 l vorhanden sind (Konzentration). Um die Dissoziationskonstante K des Wassers ausrechnen zu können, benötigt man also nur noch den Zahlenwert für $[H_2O]$. Da ja nur sehr wenig H_2O dissoziiert ist, kann man praktisch die Menge des undissoziierten H_2O gleich der Gesamtmenge setzen. 1 Liter Wasser enthält 1000 g undissoziiertes Wasser, und das sind, da 1 Mol Wasser 18 g wiegt, praktisch 55 Mole.

$$[H_2O] = 55$$

Die Dissoziationskonstante ist also

$$K = \frac{10^{-7} \cdot 10^{-7}}{55} \sim 2 \cdot 10^{-16}$$

Das Produkt der Konzentrationen von H^+ und OH^-, das also dem Zähler der Massenwirkungsgleichung entspricht, wird als Ionenprodukt des Wassers bezeichnet.

$$\underline{k_w = [H^+] \cdot [OH^-] = 10^{-14}} = K \cdot 55$$

In einer wässrigen Lösung ist dieses Ionenprodukt immer konstant. Dies ist eine sehr wichtige Tatsache.

Selbst wenn man dem Wasser OH^- oder H^+ hinzufügt, stellt sich stets das Gleichgewicht

$$[H^+] \cdot [OH^-] = 10^{-14}$$

ein, so daß man automatisch bei Kenntnis der $[H^+]$ die $[OH^-]$ ausrechnen kann und umgekehrt.

Da es unbequem ist, mit Potenzen zu operieren, hat man für die Angabe der Wasserstoffionenkonzentration einen praktischeren Begriff eingeführt, den Begriff p_H-Wert. Der p_H-Wert oder das p_H ist der negative dekadische Logarithmus der Wasserstoffionenkonzentration. Für die $[H^+] = 10^{-7}$ ist also der p_H-Wert = 7.

Das in Wasser enthaltene sogenannte Hydroxidion, OH^-, $(|\underline{\overline{O}} - H)^-$, tritt auch in zahlreichen anderen Verbindungen auf, z.B. im Natriumhydroxid. Dies ist eine farblose, kristalline Substanz, deren Ionengitter aus Na^+ und OH^- aufgebaut ist. Bringt man Kristalle von NaOH (richtiger Na^+OH^-) in Wasser, so lagern sich Wassermoleküle dank ihrer Dipolkräfte an die Na^+ und OH^- an. Die Wassermoleküle nähern sich dabei dem Na^+ mit ihrem negativen, dem OH^- mit ihrem positiven La-dungsschwerpunkt. Die elektrostatische Anziehung zwischen Na^+ und OH^- im Kristallgitter wird geschwächt und das

Kristallgefüge dadurch zerstört. Die Konzentration an OH^- ist also größer als im reinen Wasser. Löst man z.B. 0,4 g NaOH in einem l Wasser, so ist die $[OH^-] = 1/100 = 10^{-2}$, denn 0,4 g NaOH sind 1/100 Mol.

Der p_H-Wert und die $[H^+]$ läßt sich errechnen: Da $[H^+] \cdot [OH^-] = 10^{-14}$, also $[H^+] \cdot 10^{-2} = 10^{-14}$, ist $[H^+] = 10^{-12}$, der p_H-Wert also = 12.

Solche Stoffe, die beim Lösen in Wasser dessen $[OH^-]$ erhöhen, nennt man Basen. Basische Lösungen haben also einen p_H-Wert > 7.

Oben wurde gesagt, daß im Wasser Na^+ gelöst sei; dies ist jedoch nicht ganz korrekt. Na^+ gibt es in Wasser ebensowenig wie H^+. In Wirklichkeit sind Metallionen in Lösung stets von Wassermolekülen umgeben, hydratisiert, so daß man eigentlich schreiben müßte $[Na(H_2O)_x]^+$. Na^+ ist also nur eine vereinfachende Schreibweise.

In Wasser können sich nicht nur ionogen aufgebaute Verbindungen lösen, sondern auch kovalente Verbindungen, besonders wenn sie polarisierte Atombindungen enthalten. So lösen sich z.B. Halogenwasserstoffe leicht in Wasser. Auch hier nähern sich die Wassermoleküle dem polaren Halogenwasserstoff, z.B. Chlorwasserstoffmolekülen entsprechend den Dipoleigenschaften:

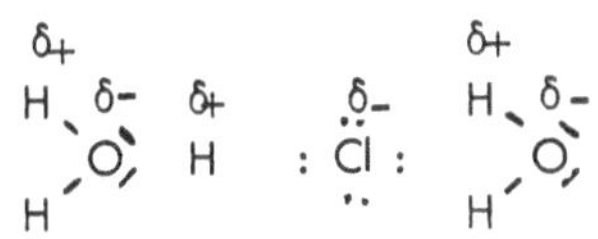

Dadurch wird die Bindung zwischen H und Cl so geschwächt, daß freie Cl^- entstehen und sich das verbleibende Proton an ein Wassermolekül bzw. an ein Assoziat von Wassermolekülen anlagert.

$$HCl + H_2O \rightleftharpoons H_3O^+ + Cl^-$$

Die Formulierung mit Oxonium$^+$ weist darauf hin, daß es nur durch den Einfluß des Wassers zur Dissoziation kommt.

In einer solchen Lösung von HCl in Wasser ist die Konzentration an H_3O^+ bzw. H^+ viel höher als in reinem Wasser. Löst man z.B. 0,365 g HCl in 1 l Wasser, so ist die $[H^+] = 10^{-2}$ (0,365 g HCl = 1/100 Mol), der p_H-Wert also 2, weil in der verdünnten Lösung praktisch keine "physikalisch gelösten" HCl-Moleküle vorhanden sind, sondern alle Moleküle unter dem Einfluß des Wassers dissoziiert werden. Das Gleichgewicht

$$HCl + H_2O \rightleftharpoons H_3O^+ + Cl^-$$

ist vollständig zugunsten der Reaktionspartner der rechten Seite der Gleichung verschoben, es liegt, wie auch einfacher gesagt wird, auf der rechten Seite.

Lösungen, die mehr H^+ enthalten als reines Wasser, nennt man saure Lösungen; Stoffe, die H^+ an das Wasser abgeben, heißen Säuren.

Man kann also die Begriffe Säure und Base folgendermaßen formulieren:

> Eine Verbindung, die bei der Dissoziation in wäßriger Lösung H^+ abgibt, ist eine Säure.
>
> Eine Verbindung, die bei der Dissoziation in wäßriger Lösung OH^- abgibt, ist eine Base.

Diese Defination des Säure-Base-Begriffes stammt von Arrhenius. Vom Wasser kann man sagen, daß es sowohl saure als auch basische Eigenschaften hat, denn es enthält ja H^+ und OH^-. Beide sind aber zu gleichen Anteilen vorhanden, daher ist das Wasser "neutral". Gibt man zu einer Säure eine Lauge, so bezeichnet man diesen Vorgang als "Neutralisation". Die H^+ der Säure treten mit den OH^- der Base zu undissoziierten H_2O-Molekülen zusammen, denn das Ionenprodukt muß ja immer konstant bleiben. Die Neutralisation besteht also in einer Bildung von Wasser.

Die Reaktionswärme der Neutralisationsreaktion ist sehr hoch. Sie beträgt bei 25° C 13,7 kcal/Mol. Daß es sich bei der Neutralisation nur um die Wasserbildung handelt, geht klar daraus hervor, daß die Reaktionswärme/Mol immer die gleiche ist, wenn HCl mit LiOH, KOH, oder NaOH, RbOH oder CsOH neutralisiert wird, oder wenn diese Basen, statt mit HCl z.B. mit HBr neutralisiert werden. Allgemein gilt der Satz, daß bei der Neutralisation einer starken Base mit einer starken Säure immer die gleiche Reaktionswärme entsteht. Die Erklärung, was eine starke Säure und eine starke Base ist, folgt unten.

Daß sich ionogen aufgebaute Stoffe und Verbindungen mit polarisierter Atombindung in Wasser lösen und die Gründe dafür, sind erklärt worden. Es können sich aber auch Stoffe in Wasser lösen, in denen rein kovalente, also nicht polarisierte Bindungen bestehen, z.B. Jod. Dabei lagern sich Wasserdipole an das Jodmolekül an. Die Bindung ist allerdings sehr schwach und die Löslichkeit gering. Solche wäßrigen Jodlösungen sind gelb gefärbt. Jodmoleküle haben ja eigentlich eine violette Farbe. Da die Farbe eine Funktion der Anregbarkeit der Valenzelektronen, also der Natur der Elektronenhülle, ist, ist es auch verständlich, daß sich die Farbe eines Moleküls ändert, wenn die Wasserdipole auf seine Elektronenhülle einwirken. In unpolaren Lösungsmitteln, z.B. Chloroform oder Tetrachlorkohlenstoff, löst sich Jod deshalb mit violetter Farbe. Additionsverbindungen wie mit Wasser bildet das Jod auch mit polaren organischen Lösungsmitteln, wie Alkohol oder Äther. Diese Lösungen sind braun gefärbt, weil sich mehr Jod darin löst als in Wasser. (Alkoholische Jodlösung = Jodtinktur; früher Verwendung als Antiseptikum.) Es lassen sich jedoch auch größere Mengen Jod in Wasser lösen, indem man KJ zusetzt. Es bildet sich ein Komplexion J_3^-, also eine Interhalogenverbindung. In Benzol hat Jod eine rote Farbe, da die Einwirkung des Benzols auf die Elektronenhülle des Jods geringer ist als die von Wasser und Alkohol. In diesem "bunten" Zusammenhang sei auch die "Jodstärkereaktion" erwähnt. die für den analytischen Nachweis des Jods wichtig ist.

Gibt man etwas Jod zu einer wäßrigen Stärkelösung, am besten in Gegenwart von KJ, so färbt sie sich tiefblau. Das Jod liegt hier in einer ganz besonderen Molekülform vor. Die Stärke besteht aus schlauchartig aufgebauten Molekülen, in die die Jodmoleküle hineinwandern und sich zu längeren Ketten zusammenlagern. In diesen Ketten sind die Jodmoleküle in einer Art Metallbindung verbunden.

$$|\overline{\underline{J}} - \overset{e^-}{\overline{\underline{J}}^{+}} - \overset{e^-}{\overline{\underline{J}}^{+}} - \overset{e^-}{\overline{\underline{J}}^{+}} \;\ldots\ldots\ldots\; - \overline{\underline{J}}|$$

Die lineare Anordnung wird durch die Stärke, das Wirtsmolekül, aufgezwungen. Eine solche Verbindung wie die Jodstärke nennt man eine Einschlußverbindung.

Noch eine weitere Eigenschaft des Wassers als Lösungsmittel ist wichtig: Wenn man Salze aus wäßriger Lösung auskristallisieren läßt, kommt es häufig vor, daß diese Salze Wasser, und zwar in stöchiometrischen Mengen, enthalten. So kristallisiert Natriumsulfat z.B. oftmals als $Na_2SO_4 \cdot 10\,H_2O$, Kupfersulfat als $CuSO_4 \cdot 5\,H_2O$, Gips als $CaSO_4 \cdot 2\,H_2O$ usw. Die Wassermoleküle füllen dabei Lücken im Kristallgitter aus. Der Einbau erfolgt stöchiometrisch, weil die Lücken im Kristall streng geometrisch angeordnet sind. Ein Einbau von Kristallwasser erfolgt besonders bei Kristallen, die große Ionen enthalten.

Wasserstoffperoxid

Eigenschaften, Reaktionen

Struktur, Bildung

Ostwald'sche Stufenregel

Dreierstoß, Kettenreaktion

Verwendung von H_2O_2

Kristall-Wasserstoffperoxid

Wasserstoffperoxid hat die Formel H_2O_2. Es ist in reinem Zustande eine farblose, ziemlich viskose Flüssigkeit, die bei -0,9°C schmilzt und bei ungefähr 150°C siedet. Den Siedepunkt kann man nur extrapolieren, denn H_2O_2 zerfällt sehr leicht in Wasser und Sauerstoff, so daß man es unter normalem Druck nicht unzersetzt destillieren kann. Schon in verdünnter wäßriger Lösung ist die Tendenz, Sauerstoff abzugeben, sehr groß. Wasserstoffperoxid ist daher ein sehr starkes Oxydationsmittel. In saurer Lösung ist der Zerfall folgendermaßen zu formulieren:

$$H_2O_2 + 2H^+ + 2e \longrightarrow 2H_2O$$

Die Begriffe Oxydationsmittel und Reduktionsmittel sind - wie schon betont - relativ, und diese Tatsache zeigt sich sehr deutlich beim Wasserstoffperoxid. Gegenüber noch stärkeren Oxydationsmitteln (z.B. F_2, Cl_2, Permanganat) kann es als Reduktionsmittel wirken, d.h. es kann selbst (zum Sauerstoff) oxydiert werden gemäß folgender Gleichungen:

$$H_2O_2 \rightleftharpoons O_2 + 2H^+ + 2e$$

$$H_2O_2 + Cl_2 \rightleftharpoons O_2 + 2H^+ + 2Cl^-$$

Das Wasserstoffperoxidmolekül hat folgendes Aussehen:

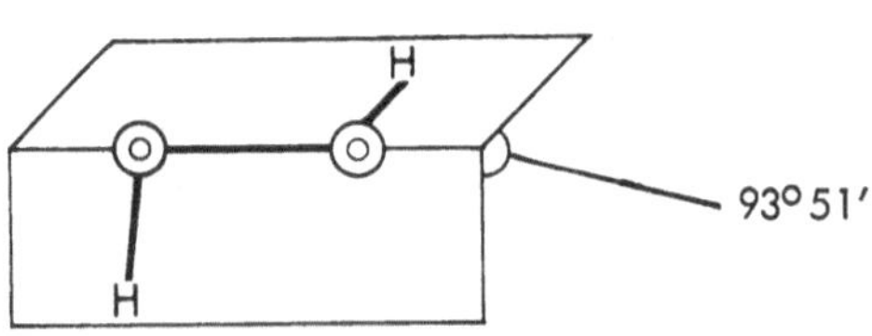

Dabei liegen die H-Atome nicht in einer Ebene, sondern die beiden OH-Gruppen sind um etwas mehr als 90° gegeneinander gedreht. Wasserstoffperoxid bildet sich bei der Einwirkung von atomarem O auf H_2O. Es ist daher immer in ganz kleinen Mengen im Regenwasser und im Schnee enthalten, da sich in der Atmosphäre durch UV-Bestrahlung etwas aktiver Sauerstoff bildet. Wasserstoffperoxid entsteht auch als Zwischenprodukt, wenn man Wasserstoff verbrennt.

Es ist nicht ohne weiteres verständlich, daß sich zuerst das energiereiche, unbeständige H_2O_2 und nicht das viel energieärmere Wasser bildet. Man kann aber sehr häufig die Beobachtung machen, daß sich bei chemischen Reaktionen zwischen Stoffen, die mehrere Verbindungen miteinander bilden können, zuerst die energiereichste Verbindung bildet, und diese dann allmählich in die energieärmere Verbindung übergeht. Auch bei "physikalischen" Umwandlungen, z.B. bei den Umwandlungen einer chemischen Modifikation in eine andere, beobachtet man sehr oft ein solches stufenweises Abgeben der Energie. Darauf wurde erstmalig von W. Ostwald aufmerksam gemacht. Man spricht deshalb von der "Ostwald'schen Stufenregel". Als Regel bezeichnet man eine Erkenntnis, die ein gemeinsames Verhalten bei einer großen Anzahl von Beobachtungen ausdrückt, ohne daß man sie theoretisch begründen kann. Viele Regeln sind allerdings später zur Theorie geworden, was jedoch nicht für die Ostwald'sche Stufenregel gilt, obwohl man in Einzelfällen schon Gründe für das Auftreten energiereicherer Zwischenprodukte kennt. Bei der Wasserstoffverbrennung z.B. läßt sich das reaktionskinetisch begründen.

Bei der direkten Bildung von Wasser müßten bei der Verbrennung 3 Moleküle gleichzeitig zusammenstoßen, nämlich

$$2\,H_2 + O_2 = 2\,H_2O$$

Das ist äußerst unwahrscheinlich. Viel wahrscheinlicher ist eine Kettenreaktion, die nur Zweierstöße erfordert, wie

$$H_2 + O_2 = 2\,OH$$

$$OH + H_2 = H_2O + H$$

ferner

$$H + OH = H_2O$$

$$O_2 + H = OH + O \quad \text{usw.}$$

und hierbei auch

$$OH + OH = H_2O_2$$

Es gibt Metalle, die an der Luft in bestimmten Temperaturbereichen nicht zu Oxiden (mit dem Anion $|\overline{\underline{O}}|^{2-}$), sondern zu Peroxiden (mit dem Anion $|\overline{\underline{O}}-\overline{\underline{O}}|^{2-}$) verbrennen, z.B. Barium. Mit Hilfe solcher Peroxide hat man früher H_2O_2 hergestellt. Erhitzt man z.B. BaO an der Luft (auf 500 °C), so entsteht BaO_2. Dieses kann man mit Schwefelsäure unter Bildung von H_2O_2 umsetzen

$$BaO_2 + H_2SO_4 \rightleftharpoons BaSO_4 + H_2O_2$$

Heute gewinnt man H_2O_2 mit Hilfe organischer Zwischenverbindungen, auf die hier nicht eingegangen wird. Aber ein anderes Verfahren wird noch an anderer Stelle behandelt werden (s. S. 119).

H_2O_2 kommt als 3 %ige und als 30 %ige Lösung (Perhydrol) in den Handel. H_2O_2 wird mit Titanylsulfat (Gelbfärbung) nachgewiesen. Es kann PbS zu $PbSO_4$ oxidieren (Restauration von Bildern).

$$PbS + 4\,H_2O_2 \longrightarrow PbSO_4 + 4\,H_2O$$

Es dient zum Bleichen z.B. von Haaren und Indigo. In Gegenwart geeigneter Katalysatoren (z.B.: Platin, Blut) zersetzt sich H_2O_2 viel rascher.

Wasserstoffperoxid kann ebenso wie Wasser in Ionenkristalle eingebaut werden. Es ist noch polarer als Wasser.

Kristallwasserstoffperoxidhaltige Stoffe, z.B. $NaBO_2 \cdot H_2O_2$, benutzt man als Zusatz in Wasch- und Bleichmitteln.

Halogenverbindungen des Sauerstoffs

Chlordioxid	Radikale, Dreielektronenbindung
Sauerstoffsäuren	schwache Säuren; basische u. saure
$HClO$, $HClO_2$, $HClO_3$, $HClO_4$	
	Hydroxide, Hydrolyse
$Cl_2 + H_2O$	Disproportionierung
Oxydationswirkung der Sauerstoffsäuren des Chlors	Grundlagen der Elektrochemie: Redoxpotential
	galvanisches Element, Halbelement, Äquivalentgewicht, g-Äquivalent, Normalpotentiale, Normalwasserstoffelektrode, Spannungsreihe, Strom-Spannungskurve, Zersetzungsspannung
	Faraday'sche Gesetze
	Nernst'sche Gleichung
Kochsalzelektrolyse	

Jedes der Halogene bildet mit Sauerstoff mehrere Verbindungen, die als Halogenoxide bezeichnet werden. Im Falle der Fluorverbindungen ist diese Bezeichnungsweise eigentlich inkorrekt, denn Fluor ist elektronegativer als Sauerstoff, und es hat sich eingebürgert, daß man bei chemischen Verbindungen den elektropositiveren Teil zuerst nennt und den elektronegativeren mit einer Endung versieht, bei binären Verbindungen (aus zwei Bestandteilen) z.B. mit der Endung -id. Die Fluoroxide müßten also eigentlich Sauerstoff-Fluoride genannt werden.

Es folgt eine Tabelle mit einer großen Anzahl von Halogensauerstoffverbindungen; es wird jedoch nur auf das Chlordioxid ClO_2 näher eingegangen, das praktisch und theoretisch von Interesse ist.

Halogen-Sauerstoff-Verbindungen

Fluoroxide	Chloroxide	Bromoxide	Jodoxide
F_2O	Cl_2O	Br_2O	-
F_2O_2	-	-	-
	ClO_2	BrO_2	J_2O_4
	-	-	J_4O_9
	-	-	J_2O_5
	-	Br_3O_8	-
	Cl_2O_6	-	-
	Cl_2O_7	-	-

ClO_2 ist ein gelbes, hochexplosives Gas, und wegen seiner Gefährlichkeit wurde es bis vor kurzem technisch nicht verwendet. Es hat sich aber gezeigt, daß man es ziemlich gefahrlos handhaben kann, wenn es mit Luft oder CO_2 verdünnt wird. Es spaltet sehr leicht aktiven Sauerstoff ab und eignet sich deshalb ausgezeichnet zur Sterilisation von Trinkwasser und Lebensmitteln, sowie zum Bleichen. Theoretisch interessant ist das ClO_2, weil sein Molekül eine ungerade Zahl von Elektronen enthält. Das Cl-Atom hat 7, das O-Atom 6 Valenzelektronen. Deshalb kann man den Zustand des Moleküls nicht mit einer Formel, sondern nur mit mesomeren Grenzzuständen beschreiben:

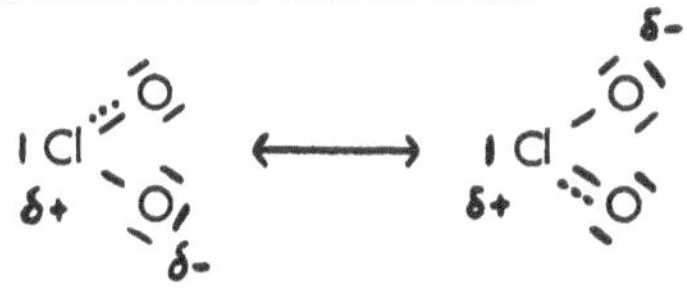

Das einsame, ungepaarte Elektron beteiligt sich dabei an der Bindung. Pauling machte hier das Postulat einer sog. Dreielektronenbindung. Besser läßt sich der Zustand des

ClO_2 -Moleküls mit Hilfe der MO-Methode beschreiben. Stoffe, die wie das ClO_2 ein ungepaartes Elektron besitzen, bezeichnet man als Radikale. Diese lassen sich durch ihren Paramagnetismus nachweisen (s. S. 98).

Neben den binären Sauerstoffverbindungen bilden die Halogene ternäre Verbindungen, die zusätzlich Wasserstoff, gebunden in Form von OH-Gruppen, enthalten. Vom Chlor leiten sich z.B. die Verbindungen

$$ClOH \qquad OClOH \qquad O_2ClOH \qquad O_3ClOH$$

ab. Man könnte die Verbindungen als Halogenhydroxide bezeichnen. Sie unterscheiden sich jedoch sehr beträchtlich von den bereits genannten Alkalihydroxiden. Diese Unterschiede resultieren einfach daraus, daß die Halogenatome das Bestreben haben, ein Elektron aufzunehmen, während ja die Alkaliatome die Tendenz zeigen, ein Elektron abzugeben. Die Alkaliatome überführen die OH-Gruppe in ein OH^-, das verbleibende Alk^+ bindet das OH^- rein elektrostatisch. Halogenatome bilden dagegen mit der OH-Gruppe eine feste Atombindung aus, z.B.

$$:\ddot{\underset{\cdot\cdot}{Cl}}:\ddot{\underset{\cdot\cdot}{O}}:H$$

Dadurch, daß das Cl-Atom fast so elektronegativ ist wie das O-Atom, ist die Bindung zwischen O und H geschwächt. Deshalb unterliegt die Verbindung folgender elektrolytischer Dissoziation:

$$ClOH \rightleftharpoons ClO^- + H^+$$

bzw.
$$ClOH + H_2O \rightleftharpoons ClO^- + H_3O^+$$

Dieses "Chlorhydroxid" hat also keinen basischen, sondern sauren Charakter. Bei den Verbindungen

$$OClOH \qquad O_2ClOH \qquad \text{und} \qquad O_3ClOH$$

ist die Tendenz, H^+ abzuspalten, noch größer, da durch die starke Elektronegativität der Sauerstoffatome die Elektronen des Sauerstoffes der OH-Gruppe noch stärker an das Cl-Atom gezogen werden und die Bindung zwischen O und H noch mehr geschwächt wird. Die Gleichgewichte

$$OClOH + H_2O \rightleftharpoons OClO^- + H_3O^+$$
$$O_2ClOH + H_2O \rightleftharpoons O_2ClO^- + H_3O^+$$

und
$$O_3ClOH + H_2O \rightleftharpoons O_3ClO^- + H_3O^+$$

werden zunehmend stärker zugunsten der Reaktionspartner der rechten Seite verschoben. Wegen ihres sauren Charakters werden die "Halogenhydroxide" üblicherweise als Sauerstoffsäuren der Halogene bezeichnet. Die genannten Verbindungen werden meistens in der Form (Oxydationsstufen des Chlors +1, +3, +5 und +7)

$HClO$ = unterchlorige Säure

$HClO_2$ = chlorige Säure

$HClO_3$ = Chlorsäure

und $HClO_4$ = Perchlorsäure, oder richtiger, Überchlorsäure

geschrieben.

Aus den Betrachtungen über diese Säuren ergibt sich, daß sie in wäßriger Lösung unterschiedlich stark sauer reagieren müssen. Sie sind also nicht vollständig dissoziiert, nicht sämtlicher Wasserstoff liegt in Form von hydratisierten H^+ vor, sondern ein Teil des Wasserstoffs ist immer noch in Form der "freien Säure" gebunden. Wenn man z.B. $HClO$ in Wasser löst, kann man aus der gelösten Menge nicht unmittelbar auf die Menge an H^+ schließen. Säuren, die in wäßriger Lösung nicht vollständig ihren Wasserstoff als H^+ abdissoziieren, nennt man schwache Säuren. Ein Maß für die Stärke einer Säure ist die Gleichgewichtskonstante oder Dissoziationskonstante. Für die unterchlorige Säure z.B. beträgt diese Konstante bei 15° C

$$K_d = 3,2 \cdot 10^{-8}$$

Die $[H^+]$ einer 10^{-2} m $HClO$ beträgt nur etwa $1,8 \cdot 10^{-5}$ (g-Ionen/l), wie sich aus dem MWG ergibt:

$$[H^+]^2 = 3,2 \cdot 10^{-10}$$

$$\frac{1,8 \cdot 10^{-5} \cdot 1,8 \cdot 10^{-5}}{10^{-2}} = 3,2 \cdot 10^{-8}$$

Der p_H-Wert der Lösung errechnet sich dann zu:

$$\log 1,8 \cdot 10^{-5} = 0,25 - 5$$

$$p_H = -\log [H^+] = 4,75$$

Die chlorige Säure hat eine Dissoziationskonstante in der Größenordnung 10^{-3}, bei der Chlorsäure sind in der Lösung nur noch sehr wenig undissoziierte $HClO_3$-Moleküle vorhanden, und die Überchlorsäure ist vollständig dissoziiert. Bei der Überchlorsäure kann man also den p_H-Wert sofort ohne Nebenrechnung für eine bestimmte Konzentration angeben, wie schon bei der Salzsäure. Eine 10^{-2} m $HClO_4$ hat den p_H-Wert 2, eine 10^{-3} m den p_H-Wert 3, usw., da sämtliches H in Form von (hydratisierten) H^+ vorliegt. Nach dem Gesagten läßt sich ein Phänomen verstehen, daß z.B. beim Lösen von Alkalisalz der unterschlorigen Säure in Wasser auftritt.

NaClO ist im kristallisierten Zustand aus Na^+ und ClO^- aufgebaut. Beim Lösen in Wasser müssen also primär auch diese Ionen in der Lösung vorhanden sein. Nun enthält das Wasser noch H^+ und OH^-, und durch den Wert der Dissoziationskonstante ist die Bedingung gegeben, wie viele H^+ neben einer bestimmten Menge ClO^- in der wäßrigen Lösung existieren können. Ein großer Teil der gelösten ClO^- muß zwangsläufig mit H^+ zu undissoziierter HClO zusammentreten. Die wäßrige Lösung muß also an H^+ verarmen, die jedoch dadurch wieder nachgeliefert werden können, daß H_2O-Moleküle in H^+ und OH^- dissoziieren. Dies muß in diesem Fall sogar geschehen, da ja das Ionenprodukt $[H^+] \cdot [OH^-]$ immer konstant bleiben muß.

Wenn H^+-Ionen durch die ClO^--Ionen abgefangen werden, muß zwangsläufig die $[OH^-]$ steigen. Eine Lösung von NaClO reagiert also alkalisch. Einen solchen Vorgang, an dem die Ionen des Wassers (H^+ und OH^-) teilnehmen, bezeichnet man als Hydrolyse.

Was hier für ein Salz der unterchlorigen Säure betrachtet wurde, gilt natürlich auch ganz allgemein für Salze anderer schwacher Säuren. Es gilt:

> Lösungen von Salzen aus schwachen Säuren und starken Basen reagieren durch Hydrolyse alkalisch.

Löst man ein Salz einer starken Säure und einer starken Base in Wasser, z.B. $NaClO_4$, so reagiert die Lösung neutral, denn weder treten Na^+ mit OH^- zusammen, noch ClO_4^- mit H^+. Es findet also keine Reaktion mit den Ionen des Wassers statt.

Löst man das Salz einer starken Säure mit einer schwachen Base in Wasser, so tritt wieder Hydrolyse ein, aber mit einem gegenüber dem 1. Fall umgekehrten Ergebnis. Die OH^- werden abgefangen, und die Lösung reagiert sauer.

Unterchlorige Säure entsteht, wenn man Cl_2-Gas in Wasser löst. Das Cl_2-Gas unterliegt der Hydrolyse

$$\overset{0}{Cl} + H_2O \rightleftharpoons \overset{+1}{HOCl} + \overset{-1}{HCl}$$

Die Reaktion ist insofern interessant, als das Chlor in den beiden Reaktionsprodukten in einer unterschiedlichen Oxydationsstufe vorliegt. Das Chlor hat in der unterchlorigen Säure die Oxydationszahl +1. In der Salzsäure hat das Chlor die Oxydationszahl -1 (= der Ionenladung). Im freien Chlor, Cl_2, ist die Oxydationszahl = 0. Den Vorgang, daß ein Bestandteil einer Verbindung bei einer Reaktion in eine höhere und eine niedrigere Oxydationsstufe überführt wird, bezeichnet man als Disproportionierung.

Disproportionierungsreaktionen sind gerade bei den Sauerstoffverbindungen der Halogene sehr häufig. Unterchlorige Säure ist ein starkes Oxydationsmittel (z.B. Oxydation von J^- zu Jod). Die Oxydationswirkung ist eine Folge der Zersetzung in H^+, Cl^- und O.

Technisch nutzt man die Oxydationswirkung aus beim Chlorkalk. Dieser ist ein Calciumsalz der unterchlorigen Säure, ein gemischtes Chlorid-Hypochlorit

$$Ca\begin{matrix} \diagup ClO \\ \diagdown Cl \end{matrix} \qquad \text{bzw.} \qquad Ca^{2+}\begin{matrix} ClO^- \\ Cl^- \end{matrix}$$

Die chlorige Säure hat sehr ähnliche Eigenschaften wie die unterchlorige. Sie ist ein nicht ganz so starkes Oxydationsmittel. Die Oxydationswirkung von $HClO_3$ ist noch etwas geringer. Sie zählt aber trotzdem noch zu den starken Oxydationsmitteln. Beim Zerfall der $HClO_3$ bzw. ihres Anions ClO_3^- werden pro Chloratom 3 Sauerstoffatome in Freiheit gesetzt. Es wird also ein großes Gasvolumen beansprucht, und die Reaktionen verlaufen daher sehr brisant.

$KClO_3$ findet Verwendung in der Feuerwerkerei und als Zündmasse für Zündhölzer.

Die Oxydationswirkung der Überchlorsäure ist viel geringer, das Perchloration ist recht stabil. Die große Stabilität ist auf den symmetrischen Bau - Cl ist tetraedrisch von den 4 O-Atomen umgeben - zurückzuführen. Reine Perchlorsäure, die ja nicht so symmetrisch aufgebaut sein kann, ist dagegen sehr unbeständig und zerfällt leicht explosionsartig. Die Unbeständigkeit hat auch noch einen anderen Grund. Die OH-Bindung ist in der $HClO_4$, wie schon erklärt, äußerst schwach. Eine Dissoziation in H^+ und ClO_4^- ist aber nicht möglich, weil ein freies H^+ nicht existenzfähig ist.

Es genügt allerdings schon eine geringe Wassermenge, um die Überchlorsäure zu stabilisieren. Mit 1 Mol H_2O bildet sich das feste Oxoniumperchlorat $H_3O^+ClO_4^-$ (FP = 30° C).

In den Handel kommt Überchlorsäure als 70 %ige wasserhaltige Lösung. In dieser Form ist die Säure nicht explosiv. Die verdünnte Überchlorsäure hat keine stark oxydierende Wirkung, sie kann z.B. J^- nicht zu Jod oxydieren.

Die Verbindungen der anderen Halogene

Fluor bildet keine Sauerstoffsäuren. Vom Brom und Jod gibt es dagegen analoge Verbindungen wie beim Chlor, wenn auch nicht alle Oxydationsstufen vertreten sind. Eine Besonderheit bietet die Überjodsäure gegenüber der Überchlorsäure. Überjodsäure liegt in der Form H_5JO_6 vor, nicht als HJO_4. Es werden also 2 Wassermoleküle angelagert. Die Tendenz, die Koordinationszahl gegenüber dem Bindungspartner - hier Sauerstoff - mit steigender Atomgröße zu erhöhen, ist schon von den Interhalogenverbindungen berichtet worden.

Die Betrachtung der Sauerstoffsäuren des Chlors hat gezeigt, daß das Oxydationsvermögen eines Stoffes sehr unterschiedlich sein kann. Es ergibt sich daher die Notwendigkeit, das Oxydationsvermögen zahlenmäßig zu erfassen (etwa wie die Säurestärke durch die Dissoziationskonstante).

Zuerst seien noch Versuche angeführt, die erkennen lassen, wie unterschiedlich nicht nur Stoffe oxydierend wirken können, sondern wie man auch mit einem bestimmten Oxydationsmittel andere Stoffe stufenweise oxydieren kann.

Wenn man auf eine Lösung, die Jodid und Bromid enthält, Chlorwasser einwirken läßt, dann werden erst die J^- oxydiert und anschließend die Br^-. Diese Reaktionen haben sowohl technisches als auch analytisches Interesse. Brom wird in der Technik hergestellt, indem Chlorgas in eine Kaliumbromid enthaltende Lösung eingeleitet wird. Kaliumbromid ist ein Bestandteil der Salze in Salzlagerstätten. Br^- und J^- kann man analytisch mit der soeben gezeigten Reaktion nachweisen. Das freiwerdende Jod und Brom ist durch Ausschütteln mit Tetrachlorkohlenstoff oder Chloroform gut erkennbar. Bei dem Versuch finden folgende Reaktionen statt:

$$Cl_2 + 2\,J^- \rightleftharpoons J_2 + 2\,Cl^-$$

oder, aufgeteilt in Teilreaktionen

$$Cl_2 + 2e \rightleftharpoons 2\,Cl^-$$
$$2\,J^- \rightleftharpoons J_2 + 2\,e$$

und $$Cl_2 + 2\,Br \rightleftharpoons Br_2 + 2\,Cl^-$$

bzw. $$Cl_2 + 2\,e \rightleftharpoons 2\,Cl^-$$

$$2\,Br^- \rightleftharpoons Br_2 + 2\,e$$

Der erste Teilvorgang ist in beiden Fällen gleich, die beiden anderen Teilvorgänge unterscheiden sich offenbar, denn sonst müßte die Oxydation von J^- und Br^- nebeneinander verlaufen. Offenbar ist die Tendenz des J^-, in den elementaren Zustand überzugehen, größer als die des Br^-. Ganz ähnliche Vorgänge, wie die hier für den Lösungszustand betrachteten, sind schon bei den freien Atomen besprochen worden. Dort ist die Tendenz, in den Ionenzustand überzugehen, durch die Begriffe Elektronenaffinität und Ionisierungspotential definiert worden. Ein derartiger Begriff wird nun auch für den Lösungszustand benötigt. Als ein vernünftiges und zweckmäßiges Maß für das Oxydations- bzw. Reduktionsvermögen eines Stoffes hat sich das sogenannte "Redoxpotential" erwiesen. Es sei folgender Vorgang betrachtet:

$$Cl_2 + 2\,e \rightleftharpoons 2\,Cl^-$$

Dieses Gleichgewicht bedeutet, daß, wenn Chlorgas mit Chlorionen in Berührung steht, das Chlor eine gewisse Tendenz hat, Elektronen aufzunehmen, oder daß umgekehrt, Chlorionen eine Tendenz zeigen, Elektronen abzugeben.

Zwischen dem Chlorgas und den Chlorionen würde sich in beiden Fällen eine Potentialdifferenz ausbilden, die jedoch schlecht meßbar wäre. Es gibt aber gewisse Möglichkeiten, solche Reaktionen in geeigneten elektrochemischen Zellen experimentell zu verifizieren, indem zwei solcher Vorgänge gekoppelt werden und relativ Potentialdifferenzen zwischen zwei Teilreaktionen gemessen werden. Aus didaktischen Gründen sollen zunächst Potentialdifferenzen zwischen Metallen und ihren Ionen behandelt werden, weil diese Vorgänge anschaulicher sind.

Auch wenn man einen Zinkstab in eine Zinksalzlösung taucht, wird sich hierbei ein Redoxgleichgewicht einstellen. Ein Teil des Zinks wird in Form von Ionen in Lösung gehen

$$Zn \rightleftharpoons Zn^{2+} + 2\,e$$

und die freien Elektronen werden am Zink zurückbleiben und es gegenüber der Lösung negativ aufladen.

Ebenso wird ein Kupferstab in eine Kupfersalzlösung gebracht. Auch hier wird sich wieder ein Redoxgleichgewicht einstellen:

$$Cu \rightleftharpoons Cu^{2+} + 2\,e$$

Die beiden Lösungen werden leitend mit einem Heber, der eine Elektrolytlösung, z.B. KCl-Lösung, enthält, verbunden. So hat man zwei Metallelektroden, an die sich ein Spannungsmeßgerät anschließen läßt. Zwar ist es nicht möglich, das Redoxpotential des Zinks oder des Kupfers einzeln zu bestimmen, jedoch läßt sich wenigstens die Summe beider Potentiale ermitteln. Man tauscht jetzt die eine Wanne aus gegen eine Wanne mit einer Silbersalzlösung, in die ein Silberdraht eintaucht, und mißt die Summen der Potentiale

$$Ag \rightleftharpoons Ag^{+} + e$$

$$\text{und} \quad Cu \rightleftharpoons Cu^{2+} + 2\,e$$

$$\text{bzw.} \quad Zn \rightleftharpoons Zn^{2} + 2\,e$$

Durch einen solchen Austausch verschiedener Redoxsysteme lassen sich relativ zueinander Redoxpotentiale bestimmen.

Eine Anordnung, wie die beschriebene, nennt man ein *galvanisches Element*, eine Zelle davon ein *Halbelement*.

Um mit Hilfe eines solchen galvanischen Elementes Redoxpotentiale zu messen, die reproduzierbar sind, muß man allerdings noch einige Versuchsbedingungen genau einhalten. Oben ist gesagt worden, daß sich das Potential einstellt, weil ein winziger Teil des Metalls in Lösung geht. Es folgt nun aus dem Le Chatelier-Prinzip, daß dieses "In Lösung gehen" zurückgedrängt wird, wenn bereits viele Metallionen in der Lösung vorhanden sind. In reinem Wasser wird sich mehr Metall lösen als in einer konzentrierten Metallsalzlösung. Das Redoxpotential muß also konzentrationsabhängig sein, und wenn man vergleichbare Meßwerte haben will, muß also bei gleichen Konzentrationen gemessen werden. Daraus folgt auch, daß bei der Messung kein Strom fließen darf. Denn wenn ein Strom fließt, müssen sich ja die Konzentrationen während des Meßvorgangs ändern. Es würden Elektronen durch den Draht transportiert, und bei dem zuerst betrachteten galvanischen Element würde sich das so auswirken, daß Zink in Lösung gehen würde und sich andererseits Kupfer aus der Lösung an der Elektrode abscheiden würde.

$Zn \rightleftharpoons Zn^{++} + 2e$ $\qquad\qquad$ $2e + Cu^{++} \rightleftharpoons Cu$

Man ersieht hieraus übrigens, daß ein solches galvanisches Element Strom liefern kann. Z.B.: Die Taschenlampenbatterien beruhen auf einem solchen Prinzip. Wegen der Konzentrationsveränderungen beim Stromfluß fällt die Spannung einer Taschenlampenbatterie allmählich ab und wird schließlich 0. Um "stromlos" Potentialdifferenzen zu messen, bedient man sich sogenannter Kompensationsschaltungen oder besser Röhrenvoltmetern u.a.

Folgendes ist noch zu beachten: Beim Lösen von Cu und Zn bilden sich zweiwertige Ionen, beim Lösen von Silber einwertige. Von einem g-Ion Cu^{2+} oder Zn^{2+} können also doppelt so viele Elektronen aufgenommen werden wie von einem g-Ion Ag^{+}. Man darf also eine 1m Ag^{+}-Lösung nur mit einer 1/2 m Cu^{2+} oder Zn^{2+}-Lösung vergleichen, nur solche Lösungen sind einander äquivalent. Man gibt demzufolge die Konzentration der Lösungen nicht in g-Ionen an, sondern in g-Äquivalenten. Auch bei der Bereitung der Salzlösung wird die Konzentration nicht auf g-Mole als Maßeinheit bezogen, sondern auf g-Äquivalente. Diese erhält man, indem man das Molgewicht durch die elektrochemische Wertigkeit, d.h. durch die Zahl der Elektronen, die bei dem Redoxvorgang umgesetzt werden, teilt. Die Einheit

$$\frac{\text{Molgewicht bzw. Atomgewicht}}{\text{Wertigkeit}}$$ wird als Äquivalentgewicht bezeichnet.

Die Maßeinheit $\frac{\text{1 Mol}}{\text{Wertigkeit}}$ d.h. $\frac{\text{Molekulargewicht in g}}{\text{Wertigkeit}}$ heißt 1 Val.

Dem Begriff Molarität steht bei den Konzentrationsangaben der Begriff Normalität gegenüber. Eine 1-normale Lösung enthält 1 Val/l.

Bei der Bestimmung von Redoxpotentialen ist also wichtig, daß man

1. stromlos,
2. bei äquivalenten Konzentrationen mißt.

Gewöhnlich mißt man Redoxpotentiale in Zellen mit 1 m, (1-molarer), Ionenkonzentration. Die dabei erhaltenen Redoxpotentiale bezeichnet man als Normalpotentiale. (Achtung: Unterschied zum Begriff Normalität.) Da man die Potentiale immer nur relativ messen kann, benötigt man noch ein Standardpotential, auf das man die gemessenen Potentiale beziehen kann.

Das Standardpotential liefert vereinbarungsgemäß die sogenannte Normalwasserstoffelektrode: Wasserstoff löst sich in feinverteiltem Platin. Er liegt dabei in atomarer Form vor (die für die Dissoziation der H_2-Moleküle notwendige Energie wird durch den Adsorptionsvorgang gewonnen). Bringt man eine mit Wasserstoff beladene Platinelektrode in eine wäßrige Lösung, so stellt sich ein Gleichgewicht zwischen H und H^+ ein:

$$H \rightleftharpoons H^+ + e$$

Eine solche Versuchsanordnung stellt ein Halbelement dar, ebenso wie die bereits behandelten Cu, Zn oder Ag-Halbelemente. Das Wasserstoff-Halbelement wird nun als Standard-Halbelement benutzt. Die genauen Vorschriften für den Aufbau einer solchen Standard-Normalwasserstoffelektrode sind folgende: Eine von reinem Wasserstoffgas mit einem Druck von 760 Torr umspülte "platinierte" Platinelektrode taucht in eine 25°C warme Lösung mit der $[H^+]$ 1-normal. (Richtiger mit der "wirksamen" Konzentration 1 n oder "Ionenaktivität" 1 n. Denn, wie hier nicht näher ausgeführt sei, ist bei Konzentration $> 0{,}01$ n an starken Säuren ein Teil der H^+-Ionen in seiner Wirkung behindert.) Das Potential dieser Normalwasserstoffelektrode wird vereinbarungsgemäß = 0 gesetzt.

Spannungsreihe
von Metallen

Red.	$\rightleftharpoons$	Ox.	+ ⊖	ε_0 (Volt)
K	⟶	$K^{\cdot}$	+ ⊖	− 2.92
Ca	⟶	$Ca^{\cdot\cdot}$	+ 2 ⊖	− 2.87
Na	⟶	$Na^{\cdot}$	+ ⊖	− 2.71
Mg	⟶	$Mg^{\cdot\cdot}$	+ 2 ⊖	− 2.34
Al	⟶	$Al^{\cdot\cdot\cdot}$	+ 3 ⊖	− 1.67
Mn	⟶	$Mn^{\cdot\cdot}$	+ 2 ⊖	− 1.05
Zn	⟶	$Zn^{\cdot\cdot}$	+ 2 ⊖	− 0.76
Cr	⟶	$Cr^{\cdot\cdot\cdot}$	+ 3 ⊖	− 0.71
Fe	⟶	$Fe^{\cdot\cdot}$	+ 2 ⊖	− 0.44
Cd	⟶	$Cd^{\cdot\cdot}$	+ 2 ⊖	− 0.40
Co	⟶	$Co^{\cdot\cdot}$	+ 2 ⊖	− 0.28
Ni	⟶	$Ni^{\cdot\cdot}$	+ 2 ⊖	− 0.25
Sn	⟶	$Sn^{\cdot\cdot}$	+ 2 ⊖	− 0.14
Pb	⟶	$Pb^{\cdot\cdot}$	+ 2 ⊖	− 0.13
H_2	⟶	$2H^{\cdot}$	+ 2 ⊖	± 0.00
Cu	⟶	$Cu^{\cdot\cdot}$	+ 2 ⊖	+ 0.35
Ag	⟶	$Ag^{\cdot}$	+ ⊖	+ 0.81
Hg	⟶	$Hg^{\cdot\cdot}$	+ 2 ⊖	+ 0.85
Au	⟶	$Au^{\cdot\cdot\cdot}$	+ 3 ⊖	+ 1.42
Pt	⟶	$Pt^{\cdot\cdot}$	+ 2 ⊖	+ 1.60

Diese Tabelle zeigt die Normalpotentiale von Halbelementen, die auf das Potential 0 der Normalwasserstoffelektrode bezogen sind. Mit Hilfe einiger experimenteller Kniffe läßt sich auch von Nichtmetallen eine Spannungsreihe aufstellen.

Spannungsreihe
von Nichtmetallen

Red.	$\rightleftarrows$	Ox. + $\ominus$	ε_0 (Volt)
Te''	$\longrightarrow$	Te + 2 $\ominus$	− 0.92
Se''	$\longrightarrow$	Se + 2 $\ominus$	− 0.78
S''	$\longrightarrow$	S + 2 $\ominus$	− 0.51
2 J'	$\longrightarrow$	J_2 + 2 $\ominus$	+ 0.53
2 Br'	$\longrightarrow$	Br_2 + 2 $\ominus$	+ 1.07
2 Cl'	$\longrightarrow$	Cl_2 + 2 $\ominus$	+ 1.36
2 F'	$\longrightarrow$	F_2 + 2 $\ominus$	+ 2.85

Die Stellung der Elemente Chlor, Brom und Jod in dieser Spannungsreihe läßt klar erkennen, warum Br^- und J^- durch Cl_2 oxydiert werden und warum zuerst J_2 gebildet wird und erst danach Br_2.

Überlegungen mit Hilfe der Spannungsreihe: Wie oben erwähnt, besteht zwischen den Elektroden eines galvanischen Elementes eine Spannung und es kann Strom liefern. Was geschieht nun, wenn man umgekehrt an ein galvanisches Element eine Spannung anlegt?

Um das im Prinzip zu zeigen, genügt es, wenn zwei Elektroden, z.B. Platinelektroden, in eine Elektrolytlösung getaucht werden und man eine Spannung anlegt. Nimmt man z.B. eine $CuCl_2$-Lösung und legt eine sich ständig steigende Spannung an, so stellt man fest, daß die Stromstärke bis zu einem bestimmten Punkt sehr langsam, aber dann plötzlich sehr stark zunimmt. Bei Erreichen des Knickpunktes der Spannungs-Stromkurve scheidet sich an der Kathode Kupfer ab, und an der Anode entwickelt sich Cl_2-Gas. Die Spannung bei diesem Punkt ist gleich der der Summen aus der Normalpotentialen

$$Cu \rightleftharpoons Cu^{2+} + 2\,e \qquad +0,35$$

$$Cl_2 + 2\,e \rightleftharpoons 2\,Cl^- \qquad +1,36$$

Diese Spannung, oberhalb derer die Zersetzung beginnt, heißt Zersetzungsspannung.

Der hier beschriebene Vorgang, also die zwangsweise Umkehrung von Vorgängen, die in einer galvanischen Zelle freiwillig ablaufen, wird Elektrolyse genannt.

Es sei noch ein etwas anderer Fall betrachtet. Wenn man eine $CuCl_2$-Lösung in eine Zelle mit zwei Cu-Elektroden gibt und eine Spannung anlegt, wandern die Cu^{2+}-Ionen zur Kathode und werden dann entladen. An der Anode können prinzipiell zwei Vorgänge ablaufen.

Die dorthin wandernden Chlorionen können entladen werden, oder es könnte Cu in Form von Cu^{2+} in Lösung gehen. Nur das letztere geschieht.

$$2\ Cl^- \rightleftharpoons Cl_2 + 2\ e$$

$$Cu \rightleftharpoons Cu^{2+} + 2\ e$$

Die Anode löst sich auf, die Kathode wächst. Interessant ist noch die Frage, wieviel Strom benötigt wird, um eine bestimmte Menge Cu abzuscheiden. Um z.B. ein g-Atom Cu abscheiden zu wollen, müssen 2 Elektronen pro Cu-Atom transportiert werden, zur Abscheidung eines g-Äquivalents halb so viele. Da die Ladung eines Elektrons, die Elementarladung, $4{,}803 \cdot 10^{-10}$ el.stat.E. = $1{,}602 \cdot 10^{-19}$ Coulomb beträgt, und ein g-Atom $6{,}022 \cdot 10^{23}$ (Loschmidt'sche Zahl) Atome enthält, braucht man für die Abscheidung eines g-Äquivalents Cu

$$1{,}602 \cdot 10^{-19} \cdot 6{,}022 \cdot 10^{23} = 96490 \text{ Coulomb}$$

Diese Zahl ist die sogenannte Faraday'sche Konstante F, die allerdings schon vor der Kenntnis der Elementarladung und der Loschmidt'schen Zahl, experimentell bestimmt worden ist, denn gerade die Tatsache, daß zur Abscheidung eines g-Äquivalents eines beliebigen Stoffes immer die gleiche Strommenge benötigt wird, war einer der wichtigsten Beweise dafür, daß die Materie atomistisch aufgebaut sein muß. Faraday hatte 1834 die Ergebnisse seiner Experimente zur elektrolytischen Abscheidung von Metallen in folgenden zwei Sätzen formuliert:

1. Die Gewichtsmenge eines elektrolytisch gebildeten Stoffes ist der durch den Elektrolyten geflossenen Elektrizitätsmenge direkt proportional.
2. Die durch gleiche Elektrizitätsmengen abgeschiedenen Gewichtsmengen chemischer Stoffe verhalten sich wie deren Äquivalentgewichte.

Konzentrationsabhängigkeit des Redoxpotentials:

Bis jetzt waren immer nur "Normalpotentiale", also Potentiale zwischen Elektrode und 1 m-Lösung verglichen worden. Die Gleichung, die die Konzentrationsabhängigkeit des Redoxpotentials beschreibt, die "Nernst'sche Gleichung" sei hier ohne Ableitung angegeben. Diese wichtige Gleichung lautet:

$$\underset{\text{(Volt)}}{E} = \epsilon_o + \frac{RT}{nF} \cdot \ln c$$

oder, unter Einsetzung der Konstanten R, F und des Umrechnungsmoduls für natürliche in dekadische Logarithmen und für $T = 298^\circ$ K:

$$E = \epsilon_o + \frac{0,059}{n} \cdot \log c$$

ϵ_o ist das schon erwähnte Normalpotential, n die Zahl der Äquivalente und c die Konzentration. Ein Beispiel: Es soll ausgerechnet werden, welche Metalle sich in Wasser lösen. Dies werden alle diejenigen Metalle tun, die ein niedrigeres Redoxpotential haben als der Wasserstoff in Wasser. Dieses läßt sich nun mit Hilfe der Nernst'schen Gleichung errechnen.

ϵ_o ist für das Gleichgewicht $H \rightleftharpoons H^+ + e$ definitionsgemäß gleich 0. Also ist

$$E = 0 + \frac{0,059}{1} \log H^+ = 0,059 \cdot (-7) = -0,41 \text{ Volt}$$

Es werden also diejenigen Metalle löslich sein, die ein niedrigeres Redoxpotential haben als Cd (–0,4 V). Anders ist es natürlich mit der Löslichkeit in Säuren. Bei einer 1 n Säure ist E ja $= \epsilon_o = 0$.

Elektrolyse einer Kochsalzlösung:

In eine Wanne mit einer Kochsalzlösung werden zwei Elektroden eingetaucht und eine Spannung angelegt. Was wird geschehen?

Die Lösung enthält die Ionen Na^+, H^+, Cl^- und OH^-. Zweifellos werden die beiden ersteren zur Kathode wandern, die Cl^- und OH^- zur Anode. Welche Ionen werden aber entladen? Prinzipiell könnten folgende Vorgänge ablaufen:

		ϵ_o
Kathode:	$2\,H^+ + 2\,e \rightleftharpoons 2\,H \longrightarrow H_2$	0 *)
	$2\,Na^+ + 2\,e \rightleftharpoons 2\,Na$	– 2,71
Anode:	$2\,Cl^- \rightleftharpoons 2\,Cl + 2\,e \longrightarrow Cl_2 + 2\,e$	+ 1,36
	$2\,OH \rightleftharpoons O + H_2O + 2\,e$	> 1,4 (mit Überspannung)
	bzw. $1/2\,O_2 + H_2O + 2\,e$	

*) Da eine Kochsalzlösung neutral reagiert, ist wegen $[H^+] = 10^{-7}$ der Wert E_H wie oben berechnet gleich –0,41. Aus dem Vergleich mit dem ϵ_o-Wert des Natriums ergibt sich, daß

an der Kathode nur Wasserstoff entwickelt wird, jedoch kein Na abgeschieden wird.

Schwieriger ist es, zu entscheiden, was an der Anode geschehen wird, denn die Redoxpotentiale von Cl^- und OH^- liegen dicht beieinander und da wird die Konzentrationsabhängigkeit von E zu berücksichtigen sein. Es läßt sich berechnen, daß nur, wenn das Verhältnis von Cl^- / OH^- groß ist, Cl^- entladen wird, ansonsten entsteht an der Anode Sauerstoff.

Bei der technischen Chloralkalielektrolyse wirkt sich die Konzentrationsabhängigkeit des Redoxpotentials unangenehm aus. Diese Elektrolyse wird technisch in großem Umfange durchgeführt zur Darstellung der wichtigen Produkte Natronlauge und Chlor. (Durch die Entladung von H^+ und Cl^- verbleiben Na^+ und OH^- in der wäßrigen Lösung).

Man kann durch Elektrolyse keine beliebig konzentrierte Lauge herstellen, denn im Verlauf der Elektrolyse sinkt die $[Cl^-]$, während die $[OH^-]$ steigt. Oberhalb einer bestimmten $[OH^-]$ entsteht an der Anode nur noch Sauerstoff.

Übrigens muß bei der Chloralkalielektrolyse darauf geachtet werden, daß das Chlorgas nicht mit der Lauge in Berührung kommt, da es sonst nach folgender Gleichung reagiert:

$$2\,NaOH + \overset{0}{Cl_2} \rightleftharpoons Na\overset{-1}{Cl} + NaO\overset{+1}{Cl} + H_2O$$

Die entstehende Natronlauge wäre durch Hypochlorit verunreinigt.

Nach der Besprechung einer großen Zahl theoretischer Grundlagen im Rahmen der Behandlung des Sauerstoffes, soll jetzt mit den Chalkogenen, und zwar zuerst mit dem Schwefel fortgefahren werden.

Schwefel

Struktur, Modifikationen — Doppelbindungsregel, Biradikale Paramagnetismus, Elektronenspinresonanz

Verwendung

Schwefel ist ein recht häufiges Element. Er findet sich in der Natur in Form zahlreicher Verbindungen, meist als Sulfid. Seine technische Darstellung wird dadurch erleichtert, daß er in elementarer Form vorkommt. Der elementare Schwefel ist ein hellgelbes, kristallines Produkt.

Im Gegensatz zum gasförmigen O_2 mit der Struktur

$$\overline{\underline{O}} = \overline{\underline{O}}$$

hat das feste Schwefelmolekül eine andere. Nur die Elemente der ersten Achterperiode können "echte" Doppelbindungen ausbilden. Der Grund für diese sogenannte Doppelbindungsregel ist in der Vergrößerung der Radien zu suchen. Die senkrecht zur Verbindungslinie und damit zur σ-Bindung ausgerichteten p-Orbitale können wegen der Größenverhältnisse nicht mehr in ausreichendem Maße zu sogenannten π-Bindungen überlappen. Damit auch das Schwefelatom mit seinen 6 Elektronen im Molekül zu einer Edelgaskonfiguration kommt, lagern sich viele Atome aneinander:

$$\ddot{\underset{..}{S}} : \ddot{\underset{..}{S}} : \ddot{\underset{..}{S}} : \ddot{\underset{..}{S}} : \ddot{\underset{..}{S}} : \quad \text{usw.}$$

Experimentell hat man gefunden, daß Schwefel aus S_8-Ringen aufgebaut ist. Es lassen sich allerdings auf synthetischem Wege auch Moleküle darstellen mit 6-, 7-, 9-, 10- und 12-Ringen, die aber instabil sind und allmählich zerfallen. Das Schwefelmolekül ist überhaupt sehr wandlungsfähig. Schwefel kommt in sämtlichen Aggregatzuständen in mehreren Modifikationen vor

α-Schwefel (rhombisch), β-Schwefel (monoklin) FP 96°C
γ-Schwefel (plastisch) FP 119°C
flüssig: λ -Schwefel und μ-Schwefel KP 445°C
Dampf: gelborange (S_8), rot (S_6) (500°C), strohgelb (S_4) (600°C)

Auffallend ist die Zunahme der Viskosität beim Erwärmen geschmolzenen Schwefels. Normalerweise nimmt die Viskosität einer Flüssigkeit beim Erwärmen ab. Die Viskositätsänderung beim Schwefel zeigt deutlich eine Strukturänderung der flüssigen Phase an. Im λ-Schwefel liegen wie in der festen Modifikation 8-Ringe vor. Bei zunehmender Temperatur brechen diese 8-Ringe auf zu zickzackförmigen Ketten, die sich zu längeren Aggregaten zusammenlagern. Prinzipiell gibt es bei der Aufspaltung eines S_8-Ringes zwei Möglichkeiten der Elektronenverteilung

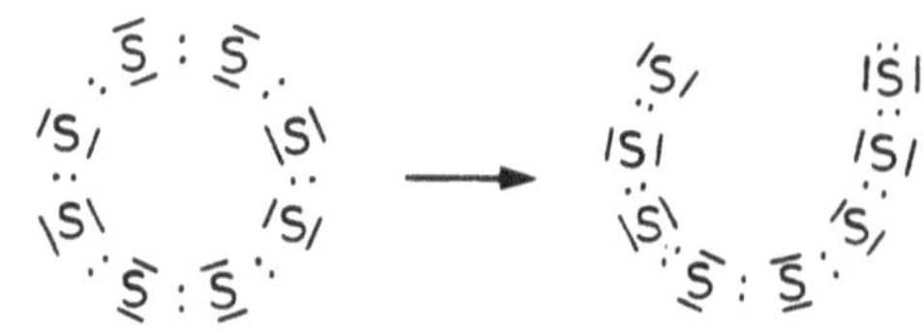

Die Bindung kann so gespalten werden, daß ein Molekülende ein Elektronenpaar, das andere eine Elektronenpaarlücke aufweist

Sie kann aber auch derart gespalten werden, daß an beiden Molekülenden ein ungepaartes Elektron vorhanden ist.

Das resultierende kettenförmige Schwefelmolekül hätte dann den Charakter eines Radikals, es wäre ein "Biradikal".

Eine Entscheidung über die Art der Spaltung läßt sich mit Hilfe der Magnetochemie fällen. Da das Elektron eine elektrische Ladung trägt und einen Spin, einen Eigendrehimpuls besitzt, induziert es, ebenso wie eine stromdurchflossene Spule, ein Magnetfeld. Jedes Elektron wirkt wie ein winziger Magnet. Wenn zwei Elektronen da sind, die sich nur in der Richtung ihres Drehimpulses unterscheiden, also Elektronen in einem Elektronenpaar, dann heben sich die Magnetwirkungen auf. Wenn dagegen ein "einsames" Elektron vorhanden ist, kommt es nicht zur Kompensation und die Magnetwirkung kommt zum Tragen. Bringt man also eine Substanz, die Moleküle mit ungepaarten Elektronen enthält, in ein Magnetfeld, so richten sich die Elementarmagnete aus in Richtung des Magnetfeldes, und die Feldlinien werden verdichtet. Die Kraft, die dabei auf die Substanz wirkt, kann man messen, z.B. durch Wägung. Diese Erscheinungsform des Magnetismus, hervorgerufen durch das permanente magnetische Moment ungepaarter Elektronen, bezeichnet man als Paramagnetismus.

Auch noch ein anderer Effekt ist meßbar. Ein Elektron kann ja zwei Spinrichtungen annehmen, gekennzeichnet durch die Quantenzahlen $+1/2$ und $-1/2$. Ein Umklappen von einem Zustand in den anderen erfordert eine kleine Energiemenge, eine Energiemenge, die der Frequenz einer Welle aus dem Mikrowellenbereich entspricht. Bestrahlt man eine paramagnetische Substanz, die sich in einem Magnetfeld befindet, mit Mikrowellen, deren Frequenz man kontinuierlich erhöht, so wird man die Frequenz erreichen, bei der das Umklappen erfolgt. Man beobachtet dann ein Resonanzsignal. Die Resonanzfrequenz hängt von der Art und von der Entfernung der Atome in der Umgebung des ungepaarten Elektrons ab. Ihr Wert ist daher abhängig vom Bindungszustand, der zwischen dem Träger des ungepaarten Elektrons und seinen Nachbaratomen besteht. Diese Meßmethode, die also Aufschluß über Bindungsverhältnisse in einem Molekül geben kann, bezeichnet man als Elektronenspinresonanz. Die Messung des Paramagnetismus zeigt, daß im μ-Schwefel Biradikale als Gleichgewichtsanteile vorhanden sind.

Schwefel ist wichtig für die Medizin. In elementarer Form dient er in Form von Pulvern und Salben zur Behandlung von Hautleiden. Eine große Anzahl von Medikamenten enthält organische Schwefelverbindungen. (Da Schwefel ein Bestandteil des Eiweiß ist, hat er auch große Bedeutung in der Biochemie.) Anorganische Schwefelverbindungen, Sulfide, werden als Depilatoren benutzt.

Schwefel wird ferner verwendet bei der Herstellung von Zündhölzern und zur Vulkanisation von Kautschuk. Bei diesem Vorgang werden die Fadenmoleküle, aus denen der Kautschuk besteht, durch Schwefelbrücken vernetzt. Vielseitig ausgenutzt wird auch die desinfizierende Wirkung des Schwefeldioxids, das beim Verbrennen von Schwefel an der Luft entsteht (Ausschwefeln). SO_2 tötet Mikroorganismen.

Schwefelwasserstoff

physikalische Eigenschaften	stufenweise Dissoziation
Struktur, Reduktionsvermögen	Löslichkeitsmaße:
Dissoziation,	Sättigungskonzentration
Hydrogensulfide und Sulfide	Löslichkeitsprodukt

Schwefelwasserstoff, H_2S, ist im Gegensatz zu seinem niedrigeren Homologen Wasser unter Normalbedingungen gasförmig. Der niedrige Siedepunkt (-61°C) beruht darauf, daß die H_2S-Moleküle nicht zur Assoziation neigen. Wegen der gegenüber Sauerstoff bedeutend geringeren Elektronegativität des Schwefels neigt an Schwefel gebundener Wasserstoff nicht zur Ausbildung von Wasserstoffbrücken. Das H_2S-Molekül ist zwar auch gewinkelt aufgebaut, aber das Dipolmoment ist viel geringer als das des Wassers wegen der geringeren Elektronegativitätsdifferenz zwischen S und H. Schwefelwasserstoff hat schon bei starker

Verdünnung einen sehr unangenehmen, intensiven Geruch. Schwefelwasserstoff ist bei entsprechender Konzentration ein stärkeres Gift als Blausäure. Die Vergiftungsgefahr ist jedoch wegen des Geruchs sehr gering.

Die thermische Beständigkeit von H_2S ist bedeutend geringer als die des Wassers. Unter den chemischen Eigenschaften ist das Reduktionsvermögen des H_2S am bemerkenswertesten.

Z.B.: Reduktion von PbO_2

$$\overset{-2}{H_2S} + 3\,\overset{+4}{PbO_2} \rightleftharpoons H_2O + \overset{+4}{SO_2} + 3\,\overset{+2}{PbO}$$

Die Reaktionswärme entzündet das H_2S.

Als Oxydationsprodukte des H_2S können je nach der Stärke des reduzierten Oxydationsmittels und nach den Reaktionsbedingungen

$\overset{0}{S}$, $\overset{+4}{SO_2}$ oder $\overset{+6}{H_2SO_4}$ (Schwefelsäure) auftreten.

Reduktion von Jod

$$\overset{-2}{H_2S} + \overset{0}{J_2} \rightleftharpoons 2\,\overset{-1}{HJ} + \overset{0}{S}$$

Reduktion von Brom

$$4\,\overset{0}{Br_2} + \overset{-2}{H_2S} + 4\,H_2O \rightleftharpoons \overset{+6}{H_2SO_4} + 8\,\overset{-1}{HBr}$$

Auch konzentrierte H_2SO_4 wird durch H_2S reduziert.

Reduktion von H_2SO_4

$$\overset{-2}{H_2S} + \overset{+6}{H_2SO_4} \rightleftharpoons 2\,H_2O + \overset{+4}{SO_2} + \overset{0}{S}$$

H_2S löst sich recht gut in Wasser. Der Lösungsvorgang besteht hier wieder zum Teil in einem rein physikalischen Prozess, zum Teil findet eine chemische Reaktion statt. H_2S ist bedeutend stärker dissoziiert als Wasser, so daß sich also ein Gleichgewicht einstellt:

$H_2S \rightleftharpoons H^+ + SH^-$, das stärker zugunsten der rechten Seite verschoben ist.

Das Dissoziationsvermögen des H_2S unterscheidet sich auch noch in anderer Weise von dem des Wassers. Das SH^- kann noch weiter dissoziieren:

$$SH^- \rightleftharpoons S^{2-} + H^+$$

Beim Wasser läßt sich eine Dissoziation in O_2^- und $2\,H^+$ unter gewöhnlichen Bedingungen nicht realisieren.

Beim H_2S muß man demnach zwei Dissoziationskonstanten angeben. Man kann auch drei Dissoziationsgleichgewichte formulieren und entsprechend drei Dissoziationskonstanten angeben, von denen man aber nur zwei zu messen braucht. Die dritte ergibt sich automatisch:

1. $$\frac{[H^+]\,[SH^-]}{[H_2S]} = k_1 \sim 10^{-7}$$

2. $$\frac{[H^+]\,[S^{2-}]}{[SH^-]} = k_2 \sim 10^{-15}$$

3. $$\frac{[H^+]^2\,[S^{2-}]}{[H_2S]} = K \sim 10^{-22}$$

Bei einer stufenweisen Dissoziation ist die Dissoziationskonstante der Gesamtdissoziation gleich dem Produkt der Dissoziationskonstanten für die Stufengleichgewichte. Die 3. Massenwirkungsgleichung ergibt sich durch Multiplikation der 1. mit der 2.

H_2S ist in erster Stufe eine schwache, in zweiter Stufe eine ganz schwache Säure. Vom H_2S leiten sich zwei Reihen von Salzen ab, die Hydrogensulfide, z.B. Na^+SH^- und die Sulfide, die teilweise kaum noch Salzcharakter haben (EN-Differenz!). Vom Schwefel sind Verbindungen mit allen Elementen bekannt, außer den Edelgasen. Die Verbindungen des Schwefels mit Nichtmetallen sind kovalent, die mit stark elektropositiven Elementen überwiegend salzartig, die der übrigen Elemente besitzen mehr oder weniger stark polarisierte Atombindungen. Interessant ist die Löslichkeit der Sulfide. Salzartige Sulfide sind wasserlöslich, die wäßrigen Lösungen reagieren durch Hydrolyse stark alkalisch. Die kovalenten Sulfide, z.B. Sb_2S_5, lösen sich in unpolaren organischen Solventien. Die Sulfide mit gemischter kovalenter und Ionenbindung lösen sich sowohl in Wasser als auch in organischen Solventien schlecht. Die Schwerlöslichkeit der Sulfide ist von analytischem

Interesse.

In diesem Zusammenhang interessiert die Frage, wie man die Löslichkeit eines Stoffes zahlenmäßig wiedergeben kann.

Bei leicht löslichen Verbindungen ist es zweckmäßig, wenn man die Sättigungskonzentration, c_s, angibt. Es sind hierfür verschiedene Konzentrationsangaben gebräuchlich, z.B. Gewichtsprozente, g/l, Mol/l (Mola<u>r</u>ität), eventuell auch Mol/1000 g Lösungsmittel (Mola<u>l</u>ität). Bei schwerlöslichen Salzen wird eine andere Löslichkeitsangabe bevorzugt, das sogenannte Löslichkeitsprodukt. Es gibt das Produkt der Konzentrationen der Ionen an, in die das Salz dissoziiert, unter der Voraussetzung, daß noch Bodenkörper vorhanden ist. Das Löslichkeitsprodukt ergibt sich aus dem Massenwirkungsgesetz für den Lösungsvorgang des Salzes. Ein Metallsulfid, MeS z.B., dissoziiert beim Lösen in Ionen.

$$\frac{[Me^{2+}]\,[S^{2-}]}{[MeS]} = K$$

Oberhalb der Sättigungskonzentration ändern sich die $[Me^{2+}]$ und $[S^{2-}]$ natürlich nicht mehr, so daß oberhalb dieser Konzentration auch das Produkt $[Me^{2+}]\,[S^{2-}]$ konstant ist. Dieses Produkt nennt man Löslichkeitsprodukt und bezeichnet es üblicherweise mit dem Buchstaben L.

$$[Me^{2+}]\,[S^{2-}] = L$$

Je kleiner das Löslichkeitsprodukt, um so schwerer löslich ist eine Verbindung. Die Löslichkeitsunterschiede der verschiedenen Metallsulfide werden in der Analytik ausgenutzt, um Metallionen voneinander zu trennen. Nützlich ist dabei auch, daß die verschiedenen Sulfide sehr unterschiedlich gefärbt sind.

Außerdem kann man die Sulfidionenkonzentration in einer wäßrigen Lösung variieren, indem man den p_H-Wert verändert. In einer wäßrigen S^{2-}-Lösung stellt sich ja immer folgendes Gleichgewicht ein:

$$\frac{[H^+]^2 \cdot [S^{2-}]}{[H_2S]} = K$$

Bei hoher $[H^+]$, d.h. in saurer Lösung, ist die $[S^{2-}]$ zwangsläufig immer niedrig. Aus saurer Lösung können demnach nur Metallsulfide gefällt werden, deren Löslichkeitsprodukt sehr klein ist. Die besser löslichen Sulfide, also die mit etwas größerem Löslichkeitsprodukt, werden nur aus alkalischer Lösung gefällt, wo die $[S^{2-}]$ hoch ist.

Oxide des Schwefels

Schwefeldioxid: Eigenschaften,
Struktur und Bindungswinkel
wäßrige Lösung von SO_2
Reaktion mit Jodat

Synproportionierung, Reaktionsgeschwindigkeit, deren Temperaturabhängigkeit

Hydrogensulfition

Isomorphie ($NaJO_3$, $NaNO_3$),
Tautometrie

Schwefeltrioxid: Darstellung

homogene u. heterogene Katalyse

Struktur der SO_3-Modifikationen
Schwefelsäure:
Eigenschaften
Hygroskopizität
Oxydationsvermögen
Schwerflüchtigkeit

Gehaltsbestimmung einer Säure,
Säure-Base-Äquivalent, Normalität,
Titration, Äquivalenzpunkt.
Wirkungsweise von Indikatoren;
Ionenpaare, Dissoziationsgrad.
Aktivität
Dampfdruckerniedrigung, Raoult'sches Gesetz,
Gefrierpunktserhöhung, Siedepunktserhöhung
Osmotischer Druck, Dampfdruckosmometrie

Sauerstoffsäuren des Schwefels:
Übersicht und Bindungsarten
Thiosulfate: Eigenschaften
Peroxodischwefelsäure
Darstellung von H_2O_2

Schwefel bildet mehrere Oxide, von denen aber nur zwei von Bedeutung sind, das Schwefeldioxid, SO_2, und das Schwefeltrioxid, SO_3.

Beim Verbrennen von Schwefel an der Luft entsteht SO_2.

$$S + O_2 \longrightarrow SO_2 + 70,9 \text{ kcal}$$

Auch beim sogenannten Rösten von Metallsulfiden entsteht dieses Oxid. Der Röstprozeß ist von großer Bedeutung, da viele Erze das Metall in sulfidischer Form enthalten. Die Metalle werden in der Regel daraus gewonnen, indem die Metallsulfide zuerst in die Oxide überführt, "abgeröstet" werden und nachträglich die Oxide zum Metall reduziert werden.

Z.B.:

$$\underset{\text{Pyrit}}{4\,FeS_2} + 11\,O_2 \rightleftharpoons 2\,Fe_2O_3 + 8\,SO_2$$

Schwefeldioxid ist ein stechend riechendes Gas. Beim Einatmen ruft es schwere Schädigungen der Atemwege hervor. Außerdem gerät der Calciumhaushalt des Organismus in Unordnung, weil durch SO_2 schwerlösliches Calciumsulfit ausgefällt wird.

Das SO_2-Molekül ist gewinkelt, $\measuredangle = 119{,}5^{\circ}$.

Bei der Angabe der Struktur muß man wie beim Ozon mesomere Grenzzustände in Betracht ziehen:

Ein O ist durch S ersetzt. Es bestehen aber insofern Unterschiede, als das Schwefelatom über freie d-Orbitale verfügt, so daß zusätzliche p_{π}- d_{π}-Bindungen in Frage kommen. Deshalb ist SO_2 auch stabiler als Ozon.

SO_2 löst sich recht gut in Wasser. Auch hierbei findet eine chemische Reaktion statt. Neben vielen hydratisierten SO_2-Molekülen enthält die Lösung in sehr kleinen Mengen die Ionen HSO_3^- und SO_3^{2-}.

Beim Einleiten von SO_2 in Laugen wird das SO_2 quantitativ in SO_3^{2-} bzw. HSO_3^- überführt. Hydratisierte SO_2-Moleküle liegen in alkalischen Lösungen nicht vor. Wäßrige Lösungen, die HSO_3^- bzw. SO_3^{2-} enthalten, wirken stark reduzierend. Schon durch Luftsauerstoff werden sie allmählich zu H_2SO_4 oxydiert.

$$2\,SO_2 + 2\,H_2O + O_2 \rightleftharpoons 2\,H_2SO_4$$

Sulfitionen, SO_3^{2-}, bzw. Hydrogensulfitionen, HSO_3^-, reduzieren Jodationen JO_3^- in glatter Reaktion zum Jodion J^-. Diese Reaktion ist in dreifacher Hinsicht von Interesse:

1. Sie zeigt die Reduktionswirkung
2. Als technisches Darstellungsverfahren von Jod
3. Um die Temperaturabhängigkeit der Reaktionsgeschwindigkeit zu betrachten.

$$3\,\overset{+4}{SO_3^{2-}} + \overset{+5}{JO_3^-} \rightleftharpoons \overset{-1}{J^-} + 3\,\overset{+6}{SO_4^{2-}}$$

Wenn bei dieser Reaktion, die beobachtbar langsam verläuft, die Sulfitionen verbraucht sind, reagiert das entstandene J^- mit noch vorhandenem JO_3^- zu J_2.

$$5\,\overset{-1}{J^-} + \overset{+5}{JO_3^-} + 6\,H^+ = \overset{0}{J_2} + 3\,H_2O$$

Die Reaktionsgleichung zeigt eine sogenannte Synproportionierung.

Da SO_3^{2-} Jod schneller reduziert als das JO_3^- J^- oxydiert, kann Jod erst entstehen, wenn die SO_3^{2-} verbraucht sind. Dieser Moment des Auftretens von J_2 wird durch eine intensive Blaufärbung mittels der schon erwähnten Jodstärkereaktion angezeigt.

Der langsamste Reaktionsschritt bestimmt also die Geschwindigkeit der Gesamtreaktion. Das ist bei Reaktionen, die in Teilschritten vor sich gehen, immer so.

Für die Temperaturabhängigkeit der Reaktionsgeschwindigkeit gilt als Faustregel, daß sich die Reaktionsgeschwindigkeit bei Erwärmung um 10° ungefährt verdoppelt.

Die besprochene Reaktion wird zur technischen Darstellung von Jod benutzt. Im Chilesalpeter findet sich Natriumjodat als Nebenprodukt. Das Hauptprodukt ist $NaNO_3$, Natriumnitrat. Da das JO_3^- die gleiche Ladung und praktisch die gleiche Größe hat wie das NO_3^-, kann es in das Ionengitter des $NaNO_3$ anstelle von NO_3^- eingebaut werden. Es bilden sich sogenannte Mischkristalle. $NaNO_3$ und $NaJO_3$ kristallisieren im gleichen Gitter, sie sind isomorph.

Noch ein paar Worte zu den Ionen SO_3^{2-} und HSO_3^-: Man nennt sie die Ionen der schwefligen Säure. Eine freie schweflige Säure gibt es aber nicht, auch nicht in wäßriger Lösung. Beim HSO_3^- sind zwei Strukturen denkbar, die auch wahrscheinlich beide im Gleichgewicht nebeneinander vorliegen.

Ein solches Gleichgewicht, bei dem sich die Gleichgewichtsformen nur dadurch unterscheiden, daß Wasserstoffatome an einer anderen Stelle des Moleküls sitzen, bezeichnet man als *Tautomeriegleichgewicht*. Die beiden Formen sind tautomer.

Schwefeltrioxid

Neben SO_2 bildet Schwefel noch ein weiteres thermodynamisch stabiles Oxid, das SO_3. Die Reaktion

$$2\,SO_2 + O_2 \rightleftharpoons 2\,SO_3 + 47\ \text{kcal}$$

verläuft allerdings bei normaler Temperatur äußerst langsam, wegen der Trägheit der O_2-Moleküle. Temperaturerhöhung beschleunigt zwar die Reaktion, sie begünstigt aber, wie eine Anwendung des Le Chatelier-Prinzips zeigt, den Zerfall von SO_3. Es gibt allerdings eine Möglichkeit, die Reaktionsgeschwindigkeit zu erhöhen, ohne dabei die Lage des Gleichgewichts zu beeinflussen. Es ist die schon erwähnte Anwendung eines Katalysators. Ein Katalysator ist ein Stoff, der an einer Reaktion teilnimmt, sie *beschleunigt*, ohne sich dabei aber zu verbrauchen. Die Teilnahme kann in einem rein physikalischen Vorgang bestehen, wie es bei der Langmuirfackel besprochen worden ist. Sie kann aber auch darin bestehen, daß der Katalysator mit einem Reaktionspartner chemisch reagiert, daß er eine Zwischenverbindung bildet, dann aber durch den anderen Reaktionspartner wieder regeneriert wird. So ist es bei der SO_3-Erzeugung nach dem Kontaktverfahren. Der Katalysator, V_2O_5, überträgt Sauerstoff auf das SO_2, und wird dann durch Luftsauerstoff wieder zu V_2O_5 oxydiert. Die Reaktionsbeschleunigung besteht nun darin, daß *beide Teilreaktionen* viel *schneller* verlaufen als die *direkte Reaktion*, die Oxydation des SO_2 ohne Kontakt. Früher hat man als Sauerstoffüberträger für die Oxydation des SO_2 Stickoxide benutzt, die allerdings nur in Gegenwart von Wasser wirksam sind. Da SO_3 in Gegenwart von Wasser fast alle Metalle stark angreift, mußte man die Reaktion in Bleikammern durchführen. Blei ist ziemlich teuer, und deshalb wird dieses Verfahren heute kaum noch durchgeführt.

SO_3 wird technisch in ungeheuren Mengen produziert, da es mit Wasser Schwefelsäure bildet, die das wichtigste chemische Produkt überhaupt ist. Oxide, die mit Wasser eine Sauerstoffsäure bilden, nennt man Säureanhydride. SO_3 ist das Anhydrid der Schwefelsäure.

Einige Bemerkungen zur Struktur des SO_3:

Wenn man 3 Sauerstoffatome an den Schwefel anlagert, entsteht folgendes Bild:

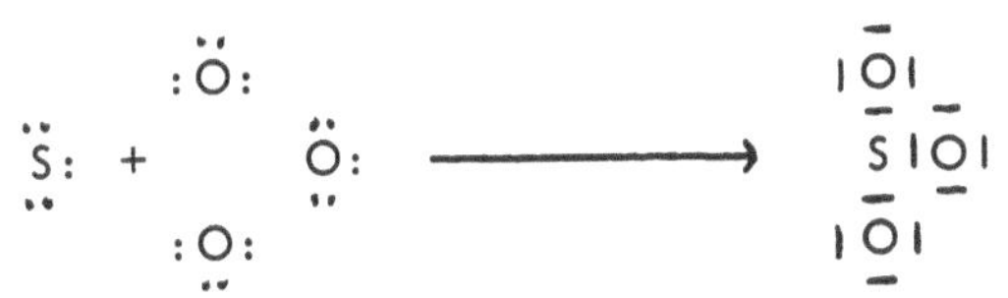

Es besteht das gleiche Problem, das schon bei der Betrachtung des Schwefels aufgetaucht ist. Dem Schwefelatom fehlen 2 Elektronen zur Edelgaskonfiguration. Ein derartiges Gebilde wird also nicht existent sein. Man kann auch hier den wahren Zustand nur mit mesomeren Grenzformeln angeben. SO_3 im Gaszustand:

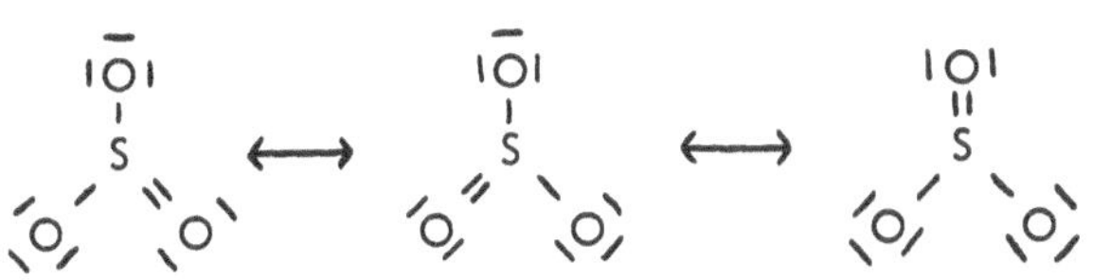

Im festen Zustand gelangt der Schwefel auf eine andere Weise, nämlich durch Aggregation der SO_3-Moleküle, zu einem Elektronenoktett:

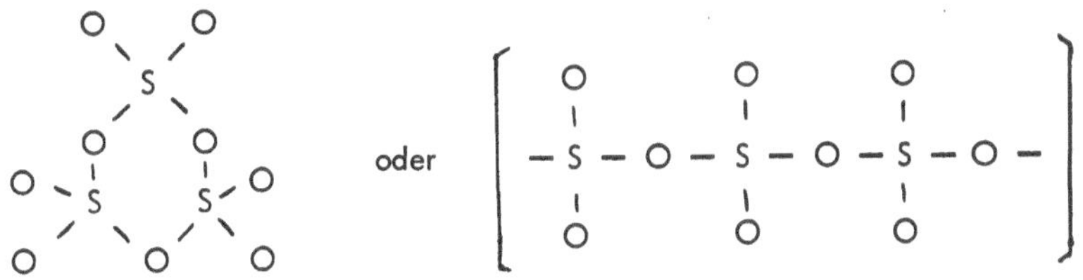

So existieren im festen Zustand mehrere Modifikationen aus ringförmigen und kettenförmigen Aggregaten mit Schmelzpunkten 16,8°C, 32,5°C, 62,3°C. Wenn allerdings in die Nähe eines SO_3-Moleküls ein Molekül kommt, das über einen Elektronenüberfluß verfügt, dann lagert es sich an dieses an. Moleküle, wie das SO_3, bei denen ein Elektronenmangel herrscht, nennt man Akzeptormoleküle. Moleküle mit Elektronenüberschuß nennt man Donormoleküle, z.B. das Ammoniakmolekül, NH_3:

H
HN:
H

Schwefelsäure

SO_3 löst sich in Wasser unter Bildung von Schwefelsäure. Am Sauerstoffatom des Wassers herrscht ja eine hohe Elektronendichte, so daß das Wassermolekül als Donormolekül geeignet ist.

Ein Proton wandert an ein Sauerstoffatom des SO_3.

Schwefelsäure ist eine farblose, ölige Flüssigkeit, die bei $\sim 10^\circ$ schmilzt und bei ca. 340° unter Zerfall in SO_3 und H_2O siedet. Die 4 Sauerstoffatome umgeben das Schwefelatom in tetraedrischer Anordnung, die Wasserstoffatome bilden Wasserstoffbrücken zwischen den Sauerstoffatomen. Konzentrierte Schwefelsäure ist wenig dissoziiert. In Wasser unterliegt sie jedoch praktisch vollständig der elektrolytischen Dissoziation in SO_4^{2-} und (hydratisierte) Protonen.

Die hervorstechenden Eigenschaften der konzentrierten Schwefelsäure sind:

1. Ihre wasserentziehende Wirkung.
2. Ihre oxydierende Wirkung.
3. Ihre Schwerflüchtigkeit.

Zu 1.: Die wasserentziehenden Reaktionen sind exotherm. Sehr große Wärmeentwicklung tritt deshalb auf, wenn man konz. H_2SO_4 und H_2O zusammengießt. (Nie Wasser in konz. H_2SO_4 gießen, immer umgekehrt!) Konzentrierte Schwefelsäure entzieht Zuckern (Kohlehydrate) Wasser. Der Zucker färbt sich wegen des entstehenden Kohlenstoffs schwarz. Schwefelsäure findet wegen ihrer wasserentziehenden Wirkung Verwendung in Exsikkatoren und zur Trocknung von Gasen in sogenannten Waschflaschen.

Zu 2.: Konz. H_2SO_4 löst zum Beispiel Kupfer. Das Lösen von Edelmetallen ist nicht darauf zurückzuführen, daß das H^+ der Säure Elektronen vom Metall aufnimmt. Das ist bei der Stellung des Kupfers in der Spannungsreihe unmöglich. Es ist nur auf die oxydierende Wirkung der Säure zurückzuführen.

$$Cu + H_2SO_4 \rightleftharpoons CuO + SO_2 + H_2O$$

$$CuO + H_2SO_4 \rightleftharpoons CuSO_4 + H_2O$$

Verdünnte H_2SO_4 löst weniger edle Metalle wie jede andere Säure unter H_2-Entwicklung.

Zu 3.: Die Schwerflüchtigkeit der Schwefelsäure macht man sich oft zunutze bei der Darstellung anderer Säuren. Läßt man z.B. H_2SO_4 auf NaCl einwirken, so entsteht HCl, weil der in einer Gleichgewichtsreaktion gebildete Chlorwasserstoff ständig aus dem Gleichgewicht entfernt wird.

$$2\,NaCl + H_2SO_4 \rightleftharpoons Na_2SO_4 + 2\,HCl$$

Das hat nichts mit der Säurestärke zu tun, sondern nur mit der Schwerflüchtigkeit.

H_2SO_4 ist eine sogenannte zweibasige Säure. Von ihr leiten sich zwei Reihen von Salzen ab:

die Sulfate mit dem Anion SO_4^{2-}
und die Hydrogensulfate mit dem Anion HSO_4^-

Es ist in der Praxis eine wichtige Frage, den Gehalt von Säuren zu bestimmen. Als Konzentrationsangabe wählt man im allgemeinen auch bei Säuren die Normalität, also die Anzahl der Grammäquivalente/l. Die Begriffe Normalität und Grammäquivalent waren bereits bei den Redoxreaktionen behandelt worden. Ein elektrochemisches Äquivalent muß allerdings nicht mit einem Base-Säure-Äquivalent identisch sein. Bei Redoxreaktionen war die Frage interessant, wieviele Elektronen umgesetzt werden. Bei der Reaktion einer Säure ist interessant, wieviele Protonen umgesetzt werden. So kann man bei einer einbasigen Säure 1 Proton, bei einer zweibasigen Säure 2 Protonen usw. umsetzen. Dementsprechend ist

$$1\text{ g-Äquivalent einer Säure} = \frac{\text{Molgewicht (Säure)}}{\text{Wertigkeit d. Säureanions}}$$

Ganz entsprechend ist

$$1 \text{ g-Äquivalent einer Base} = \frac{\text{Molgewicht (Base)}}{\text{Wertigkeit d. Basenkations}}$$

Daß ein elektrochemisches Äquivalent nicht mit einem Base-Säure-Äquivalent identisch sein muß, läßt sich an einem Beispiel demonstrieren. Wenn Chlorsäure bei einer Redoxreaktion zum Cl^- reduziert wird, werden pro Mol 6 Elektronen umgesetzt

$$\overset{+5}{Cl}O_3^- + 6\,H^+ + 6\,e \rightleftharpoons \overset{-1}{Cl^-} + 3\,H_2O$$

$$1 \text{ elektrochemisches Äquivalent } HClO_3 = \frac{84,5}{6}\text{ g.}$$

Da Chlorsäure eine einbasige Säure ist, kann bei einer Neutralisationsreaktion nur 1 H^+ umgesetzt werden. Ein Säure-Base-Äquivalent ist daher $= \frac{84,5}{1}$ g.

Bei Konzentrationsangaben bezieht man die Normalität einer Säure oder Base jedoch üblicherweise immer auf Säure-Base-Äquivalente. Unter 1n-Chlorsäure versteht man also immer eine Chlorsäure, die 84,5 g $HClO_3$ im l enthält. Die Bestimmung des Gehalts einer Säure erfolgt jetzt einfach durch Neutralisation mit einer Base bekannten Gehalts. Um diesen Vorgang zu verstehen, ist es am besten, zu überlegen, wie sich der p_H-Wert einer Lösung während einer sogenannten Titration verändert. Angenommen es liegen 100 ml einer 0,01n H_2SO_4 vor, also einer Lösung, die 0,49 g H_2SO_4 pro 1 H_2O enthält. Ihr p_H-Wert wird 2 betragen, da die $[H^+] = 10^{-2}$n. Jetzt wird eine 0,1n NaOH (4,00 g/l) mittels einer Bürette (Volumenmeßrohr mit Hahn) tropfenweise hinzugegeben. Nach Zugabe von 9 ml Lauge wird der p_H-Wert ca. 3 betragen, denn es sind 9/10 der vorhandenen Säure neutralisiert worden, die $[H^+]$ ist nur noch ca. 10^{-3}. Nach Zugabe von 9,9 ml beträgt der p_H-Wert ca. 4, nach 9,99 ml $p_H \sim 5$ und nach 9,999 ml $p_H \sim 6$ (es muß $\sim$ geschrieben werden, weil ja das Volumen der Lösung bei der hier durchgeführten Titration etwas zunimmt). Bei Zugabe von 10 ml Lauge ist der p_H-Wert = 7. Hier kann man ein Gleichheitszeichen setzen, denn $p_H = 7$ ist unabhängig von der Verdünnung. Der Äquivalenzpunkt ist erreicht, denn es ist eine der anfänglichen H^+-Menge äquivalente Menge OH^- zugesetzt worden. In dem hier besprochenen speziellen Fall einer Titration einer starken Säure (H_2SO_4) mit einer starken Base (NaOH) entspricht der Äquivalenzpunkt dem Neutralpunkt ($p_H = 7$). Das ist, wie unten gezeigt wird, nicht bei jeder Neutralisationsreaktion so. Zunächst soll jedoch weiter titriert und der p_H-Wert der Lösung verfolgt werden.

Nach Zugabe von 10,1 ml NaOH ist ein p_H-Wert von ca. 10 zu erwarten, bei großem Überschuß an NaOH wird sich die Lösung dem Ausgangs-p_H-Wert der NaOH (p_H = 12) nähern.

Wenn man den p_H-Wert in einem Diagramm aufträgt gegen den Verbrauch an NaOH in ml, so erhält man folgendes Bild:

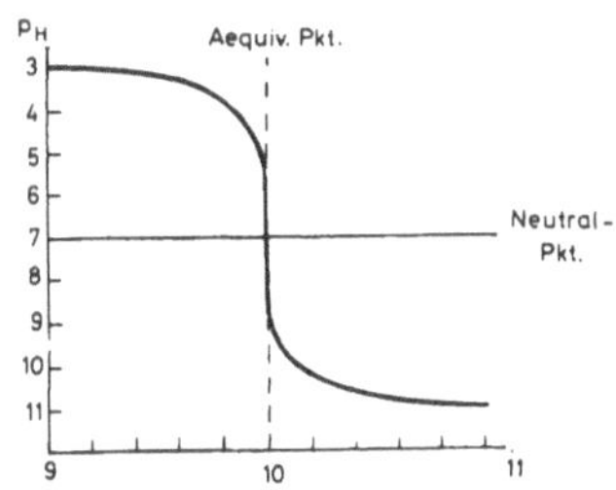

Aequivalente 0, 1-n NaOH

Titrationskurve: starke Säure - starke Base

Etwas anders sieht das Diagramm aus, wenn eine schwache Säure mit NaOH titriert wird. Hier liegt der Anfangs-p_H-Wert bereits viel höher. Wie schon ausgerechnet, hat eine 1/100 n HClO den p_H-Wert 4,75. Setzt man bei der Neutralisationsreaktion einer HClO-Lösung eine äquivalente Menge NaOH zu, so erhält man praktisch eine wäßrige Lösung von NaClO. Diese Lösung reagiert aber durch Hydrolyse alkalisch, der Äquivalenzpunkt fällt hier also nicht in den Neutralpunkt. Die ganze p_H-Kurve ist etwas verschoben und zusammengedrängt.

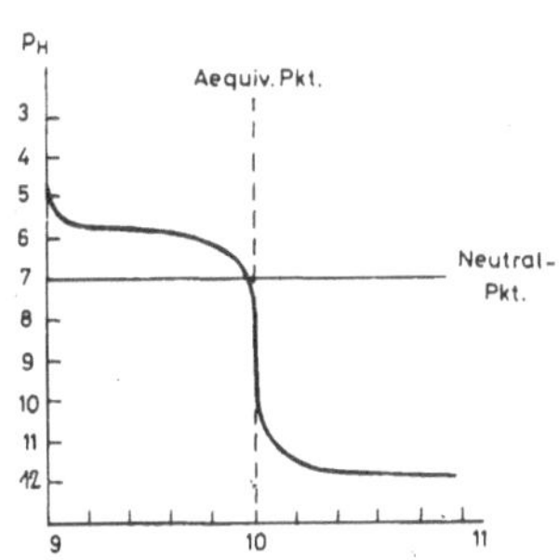

Aequivalente 0,1-n NaOH

Titrationskurve: schwache Säure - starke Base

Aus dem Verlauf des p_H-Wertes bei den Titrationen ist ersichtlich, daß man den Äquivalenzpunkt gut ermitteln kann; es ist stets der Wendepunkt der p_H-Kurve. Auch bei einer schwachen Säure erfaßt man sämtlichen Wasserstoff, der überhaupt in Form von H^+ abdissoziieren kann, obwohl eine schwache Säure ursprünglich nur wenig freie H^+ enthält. Bei der Neutralisationstitration wird die Dissoziation der Säure ständig gefördert, weil die OH^- die H^+ unter Neutralisation wegfangen, z.B.

$$HClO \rightleftharpoons H^+ + ClO^-$$

$$H^+ + OH^- \rightleftharpoons H_2O$$

Durch die Anwendung von sogenannten Indikatoren erspart man sich das ständige Messen der p_H-Werte. Sie zeigen durch einen Farbwechsel den Äquivalenzpunkt an. Indikatoren sind schwache Säuren oder Basen, die die Eigenschaft haben, daß das Säureanion bzw. Basenkation anders gefärbt ist als die freie Säure bzw. Base.

Es sei ein Indikator mit saurem Charakter betrachtet. H Ind sei der Indikator und Ind^- der Säurerest. Als schwache Säure dissoziiert H Ind folgendermaßen:

$$H\,Ind \rightleftharpoons H^+ + Ind^-$$

Ind^- ist anders gefärbt als H Ind. Um ein konkretes Beispiel zu geben: Methylrot ist eine solche Indikatorsäure, deren Anion gelb gefärbt ist. Bringt man sie in ein alkalisches Medium, dann wird das Dissoziationsgleichgewicht völlig nach rechts verschoben, weil die OH^--Ionen die H^+-Ionen verbrauchen, eine alkalische Methylrotlösung ist also gelb gefärbt. Säuert man die Lösung an, so färbt sie sich rot, weil jetzt das Gleichgewicht nach links verschoben wird, sich also die Indikatorsäure bildet.

Es gibt eine ganze Menge solcher Indikatoren, die sich darin unterscheiden, daß der Farbumschlag bei unterschiedlichem p_H zustande kommt. Die drei gebräuchlichsten Indikatoren sind:

	Farbe		Umschlagsgebiet
	sauer	alkalisch	
Methylrot	rot	gelb	4,2 - 6,3
Methylorange	rot	orange	3,1 - 4,4
Phenolphtalein	farblos	rot	8,2 - 10,0

Durch Zusatz eines entsprechenden Indikators bei einer Neutralisationstitration kann man also erkennen, wann der Äquivalenzpunkt erreicht ist.

Man könnte sich jetzt vielleicht überlegen, daß man, um eine Titration zu umgehen, einfach den p_H-Wert einer Säure mißt und daraus den Säuregehalt errechnet. Hier liegt jedoch die schon einmal erwähnte Schwierigkeit vor, daß Anionen und Kationen sich gegenseitig beeinflussen. Durch die elektrostatische Anziehung treten sie teilweise zu Ionenpaaren zusammen. Das wirkt sich so aus, wie wenn ein Teil der Elektrolyte in undissoziierter Form vorliegen würde. Je konzentrierter die Lösung ist, umso stärker ist diese Wechselwirkung. Von einer 2 n-Schwefelsäure z.B. hat man eine $[H^+] = 2$ zu erwarten, man mißt jedoch nur einen Wert von ca. 1. Diese gemessene Wasserstoffionenkonzentration nennt man Wasserstoffionenaktivität.

Erst bei Lösungen unterhalb 1/100 n sind Wasserstoffionenkonzentration und Wasserstoffionenaktivität identisch, d.h. bei diesen verdünnten Lösungen sind die Teilchen zu weit voneinander entfernt, um noch meßbare Wirkung aufeinander ausüben zu können.

Andererseits gibt es ja auch schwache Elektrolyte, die nicht vollständig dissoziiert sind. Wieviel von einem Elektrolyten wirklich in einer Lösung in dissoziierter Form vorliegt, gibt der Dissoziationsgrad an. Er beträgt für einen völlig dissoziierten Stoff 1, für einen undissoziierten 0. Man kann ihn indirekt bestimmen. Es gibt nämlich Meßmethoden, mit deren Hilfe man feststellen kann, wieviele gelöste Teilchen in einer Lösung vorhanden sind, unabhängig davon, um welche Art von Teilchen es sich handelt. Aus der Zahl der gelösten Teilchen kann man dann leicht den Dissoziationsgrad eines Elektrolyten bestimmen. Löst man z.B. 1 Mol NaCl (58,5 g) in 1 l Wasser, so hätte man, wenn der Dissoziationsgrad 1 wäre, 2 Mole Teilchen (1 g-Atom Na^+, 1 g-Atom Cl^-), wenn er 0 wäre, dagegen nur 1 Mol (NaCl).

Die Grundlagen für die erwähnten Meßmethoden sollen nun behandelt werden:

Wie schon erwähnt, kommt der Dampfdruck einer Flüssigkeit oder eines Festkörpers dadurch zustande, daß energiereiche Partikelchen die Oberfläche verlassen und in den Dampfraum übergehen. Umgekehrt kondensieren Teilchen aus der Gasphase, es stellt sich ein dynamisches, temperaturabhängiges Gleichgewicht ein.

Wenn nun die Flüssigkeit einen Feststoff gelöst enthält, befinden sich an der Oberfläche nicht nur Flüssigkeitsmolekeln, sondern auch Fremdstoffteilchen. Es werden aus rein statistischen Gründen weniger Flüssigkeitsteilchen die Flüssigkeitsoberfläche verlassen.

(Es sei vorausgesetzt, die Fremdteilchen verdampfen nicht.) Der Dampfdruck der Lösung wird also geringer sein als der des reinen Lösungsmittels, die Dampfdruckerniedrigung wird einzig davon abhängen, wieviele Teilchen gelöst sind. Die Dampfdruckerniedrigung führt dazu, daß der Siedepunkt der Lösung höher und der Gefrierpunkt niedriger ist als beim reinen Lösungsmittel.

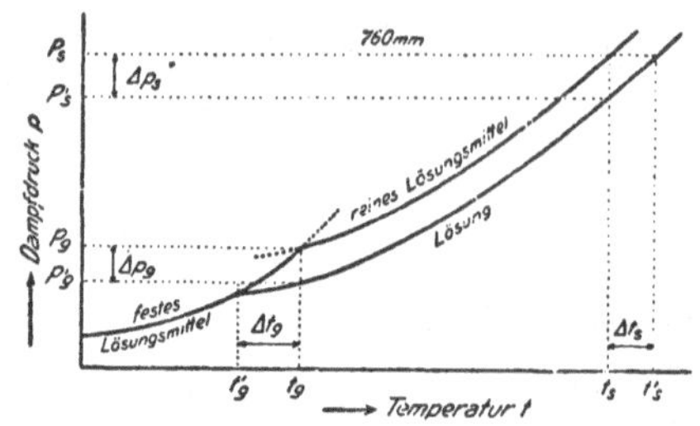

Gefrierpunktserniedrigung. Siedepunkts-erhöhung und Dampfdruckerniedrigung

Auch die Siedepunktserhöhung und die Gefrierpunktserniedrigung hängen nur von der Zahl, nicht von der Art der gelösten Teilchen ab.

$$\Delta T_{Sp} = E_s \cdot n$$

$$\Delta T_{Fp} = E_{Fp} \cdot n$$

Das ist das sogenannte Raoultsche Gesetz. Es gilt wegen interionischer Wechselwirkung nur für verdünnte Lösungen.

E_s nennt man die ebullioskopische, E_{Fp} die kryoskopische Konstante. Sie sind für ein bestimmtes Lösungsmittel, z.B. Wasser, konstant. Durch Messung z.B. der Gefrierpunktserniedrigung kann man also feststellen, wieviele gelöste Teilchen eine Lösung enthält. Angenommen, man löst 1 Mol eines binären Elektrolyten und findet anderthalb Mole gelöst, dann ist der Dissoziationsgrad 0,5. Umgekehrt kann man bei bekanntem Dissoziationsgrad das Molgewicht eines Stoffes aus der gemessenen Gefrierpunktserniedrigung errechnen. Am einfachsten und genauesten ist eine solche Molekulargewichtsbestimmung natürlich, wenn der Dissoziationsgrad 0 ist, d.h., wenn man die Lösung eines Stoffes untersucht, der nicht dissoziiert.

Noch ein weiteres Phänomen sei betrachtet, das ebenfalls nur von der Zahl gelöster Teilchen abhängt.

Grundlage der Betrachtung über die Ursache der Dampfdruckerniedrigung einer Lösung gegenüber reinem Lösungsmittel war die Annahme, daß die gelösten Partikel im Lösungsmittel statistisch verteilt sind. Man kann die gelösten Teilchen in der Lösung so ansehen, wie man sich Gaspartikel vorstellt. Es bestehen weitgehende Analogien. Auch für die Bewegung der gelösten Teilchen innerhalb der Lösung, für die sogenannte Diffusion, gelten die gleichen Gesetzmäßigkeiten wie für die Bewegung von Gaspartikeln, nur daß ihre Beweglichkeit infolge der großen Dichte des umgebenden Mediums viel geringer ist als die der Gaspartikel. Die gelösten Teilchen müßten also auch das Bestreben haben, sich allseitig auszubreiten, und sollten demnach einen Druck auf die Gefäßwände ausüben, zusätzlich zu dem Druck, den die Lösungsmittelmolekeln selbst verursachen.

Um diesen Druck messen zu können, muß man einerseits ein Gleichgewicht Lösung-Lösungsmittel herstellen, muß aber andererseits beide gegeneinander abgrenzen und dafür sorgen, daß diese Abgrenzung während des Meßvorganges bestehen bleibt.

Diese Erfordernisse lassen sich realisieren mit Hilfe eines Hohlkörpers aus einer sogenannten semipermeablen (halbdurchlässigen) Wand, die zwar Lösungsmittelmoleküle, nicht aber gelöste Partikelchen hindurchläßt. Weil die gelösten Teilchen ein Verdünnungsbestreben haben, kommen Lösungsmittel durch die semipermeable Wand nach innen. Dadurch wird die Druckdifferenz zwischen Lösung und Lösungsmittel meßbar, weil ja das Volumen der Lösung zunimmt. Man kann sie messen, indem man ein Steigrohr aufsetzt. Die Lösung wird sich so lange verdünnen, bis der hydrostatische Druck, der dann auf der Lösung lastet, so groß geworden ist wie das Verdünnungsbestreben, das ja der angestellten Betrachtung nach auch die Dimension eines Druckes hat. Das Gleichgewichtssystem Lösung-Lösungsmittel bleibt beim Meßvorgang, bis auf die geringfügige Konzentrationsverminderung der Lösung, die man zudem berechnen kann, erhalten.

Den Überdruck der Lösung gegenüber dem Lösungsmittel bezeichnet man als osmotischen Druck, und es zeigt sich, daß für ihn tatsächlich die gleichen Gesetzmäßigkeiten gelten wie für den Gasdruck. Dort galt

$$p \cdot V = n \cdot R \cdot T \qquad \text{oder}$$

$$p = \frac{n}{V} RT$$

Der Druck hängt also von der Zahl der Teilchen pro Volumeneinheit ab. Statt n/V kann man, wenn der Stoff undissoziiert gelöst ist, auch c (die Konzentration) setzen.

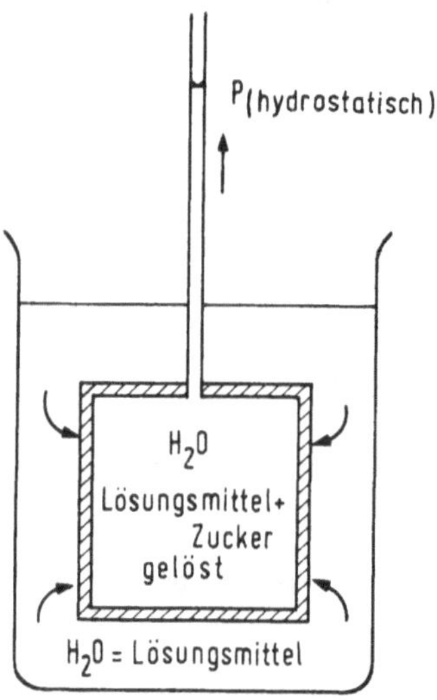

$$\Delta P = P_{(innen)} - P_{(außen)} = P_{(hydrostatisch)}$$

$$\Delta P = P_{(Lsg.)} - P_{(Lsgsm.)} = P_{(hydrostatisch)}$$

$$\Delta P = P_{(gelöst)} = P = P_{(hydrostatisch)}$$

P = "osmotischer Druck" = Partialdruck des gelösten Stof

Pfeffer'sche Zelle

Der osmotische Druck steht in unmittelbarer Beziehung zum Dampfdruck einer Lösung. Z.B.: Man stellt ein Gefäß mit Lösung und eins mit Lösungsmittel gemeinsam unter eine Glasglocke. Dann muß sich ja, da die Lösung einen niedrigeren Dampfdruck hat als das Lösungsmittel, und da ein dynamisches Gleichgewicht zwischen flüssiger Phase und Gasphase besteht, ständig Lösungsmittel in der Lösung kondensieren, sich die Lösung also verdünnen. Mit Hilfe der semipermeablen Wand ist dieser Vorgang auf eine etwas elegantere Weise realisiert. Die Messung des osmotischen Drucks erlaubt es, ebenso wie die Messung von Gefrierpunktserniedrigung usw., Molekulargewichte zu bestimmen.

Seine große Bedeutung beruht aber darauf, daß es in der Natur zahlreiche semipermeable Wände gibt. So stellt z.B. der Protoplasmaschlauch, der den Zellsaft einschließt, eine semipermeable Wand dar, die Wasser hindurchdiffundieren läßt, nicht aber gelöste Stoffe. Der dadurch erzeugte osmotische Druck gibt den Pflanzen ihre Festigkeit. Auch Blutkörperchen haben als Begrenzung eine semipermeable Wand, und eine Störung der osmotischen Druckverhältnisse im Blut läßt die Blutkörperchen platzen oder schrumpfen (Erstickungsgefahr).

Fortsetzung der Sauerstoffsäuren des Schwefels:

Neben der Schwefelsäure gibt es noch zahlreiche andere Sauerstoffsäuren. Ihre Zahl ist deshalb so groß, weil man Schwefel und Sauerstoff in den Molekülen weitgehend austauschen kann. Hier sei eine kurze Übersicht gegeben, welche Säuren es gibt und wie die Bindungsverhältnisse sind.

Die wichtigsten Sauerstoffsäuren des Schwefels

Formel	Struktur[a])	Name
	Säuren mit einem Schwefelatom	
H_2SO_3[b])	SO_3^{2-} (in Sulfiten)	Schweflige Säure
H_2SO_4	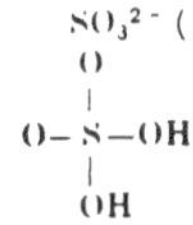	Schwefelsäure
	Säuren mit zwei Schwefelatomen	
$H_2S_2O_4$[b])	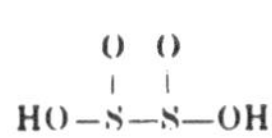	Dithionige Säure
$H_2S_2O_6$	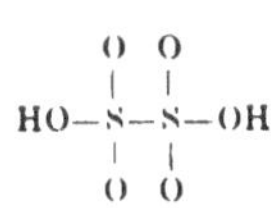	Dithionsäure
$H_2S_2O_7$	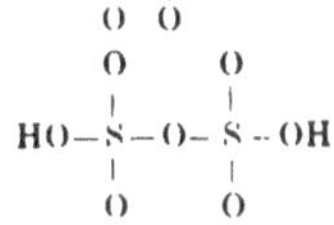	Pyroschwefelsäure (Dischwefelsäure)
	Säuren mit drei oder mehr Schwefelatomen	
$H_2S_nO_6$	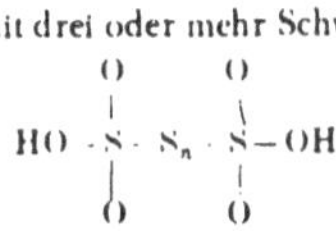	Polythionsäuren
	Peroxosäuren	
$H_2S_2O_8$	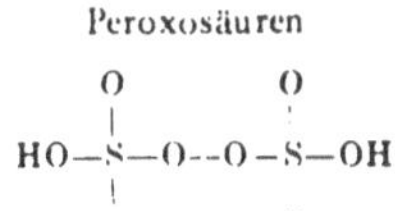	Peroxodischwefelsäure

a) In den meisten Fällen wurden die Strukturen der Säuren aus den Strukturen der Anionen ihrer Salze abgeleitet.
b) Freie Säure unbekannt.

In den mehrkernigen Säuren gibt es folgende Bindungen:

S O S, S S, S S ..... S S und S O O S

Etwas näher sei hier nur die Thioschwefelsäure, $H_2S_2O_3$, und die Peroxodischwefelsäure betrachtet.

Salze der Thioschwefelsäure bilden sich bei Einwirkung von Schwefel auf Sulfite. Formell ist das eine einfache Anlagerungsreaktion:

$$SO_3^{2-} + S \rightleftharpoons S_2O_3^{2-}$$

Das Thiosulfation ist dem Sulfation analog aufgebaut:

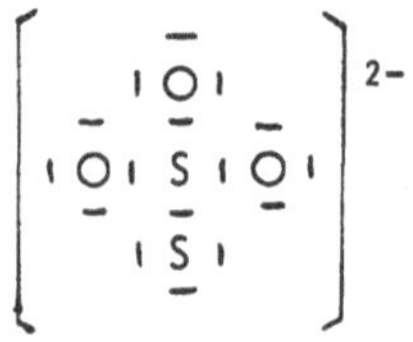

Um den Bindungszustand besser zu charakterisieren, müßte man wieder "Resonanzformeln" verwenden. Die oben gezeigte Formel ist unbefriedigend, denn darin hätte jedes Sauerstoff- und ein Schwefelatom die Formalladung - 1, das zentrale Schwefelatom die Formalladung + 2, was in Wirklichkeit nicht der Fall ist. Der Einfachheit halber ist jedoch meist diese Schreibweise üblich.

Thiosulfate sind wichtig als Fixiersalz für die Photographie. Sie sind ferner wichtige Reduktionsmittel in der Analytik, aber auch in der Technik. Z.B. wird aus Geweben, die mit Chlor gebleicht wurden, das überschüssige Chlor mit Thiosulfat zu Cl^- reduziert. Von starken Oxydationsmitteln wie Chlor wird das Thiosulfation zum Sulfation oxydiert, von schwachen Oxydationsmitteln, wie z.B. Jod, nur zum Tetrathionation:

Jod: $$2\ S_2O_3^{2-} \rightleftharpoons S_4O_6^{2-} + 2\ e$$

Chlor: $$S_2O_3^{2-} + 5\ H_2O \rightleftharpoons 2\ SO_4^{2-} + 10\ H^+ + 8\ e$$

Die Peroxodischwefelsäure, $H_2S_2O_8$, bildet sich, wenn man Schwefelsäure unter bestimmten Bedingungen elektrolysiert. Die Säure muß konzentriert und die Stromdichte hoch sein. Unter diesen Bedingungen entsteht an der Anode kein Sauerstoff, sondern die HSO_4^--Ionen werden entladen, die entstandenen Radikale lagern sich zu $H_2S_2O_8$ zusammen.

$$2\ HSO_4^- \rightleftharpoons 2\ HSO_4 + 2\ e$$

$$2\ HSO_4 \rightleftharpoons H_2S_2O_8$$

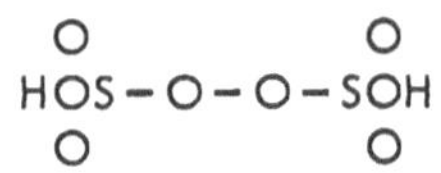

Peroxodischwefelsäure ist, als Derivat des H_2O_2, ein sehr starkes Oxydationsmittel. Durch Wasser wird es leicht hydrolisiert. Es entsteht dabei Peroxomonoschwefelsäure, dann H_2O_2 und Schwefelsäure.

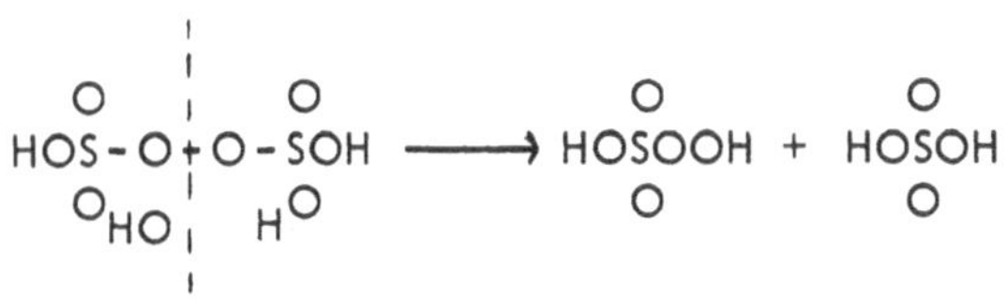

(H_2SO_5) (H_2SO_4)

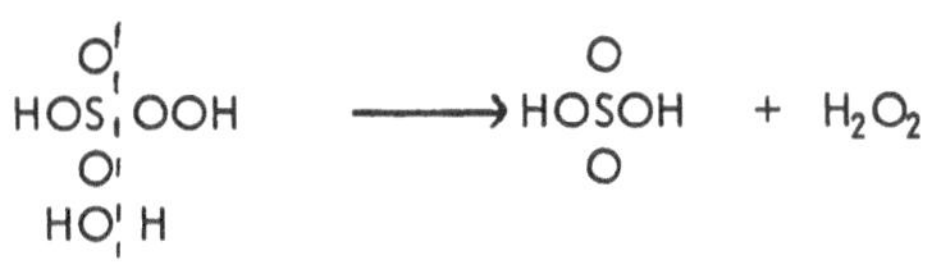

Auf diesem Wege kann H_2O_2 technisch gewonnen werden.

Selen und Tellur

Elektronegativität
metallischer Charakter
bevorzugte Oxydationsstufen
Säurestärke der Sauerstoffsäuren
Koordinationszahl gegenüber Sauerstoff

Über die Elemente Selen und Tellur und ihre Verbindungen seien nur ein paar vergleichende Betrachtungen angestellt.

Vom Schwefel zum Tellur hin nimmt die Elektronegativität ab, der metallische Charakter nimmt, wie in allen Gruppen des Periodensystems, abgesehen von den Edelgasen, zu. Vom Tellur existiert bereits eine metallische Modifikation. Die Tendenz, Anionen zu bilden (die schon beim Schwefel gering ist) nimmt vom Sauerstoff zum Tellur stark ab. Bevorzugte Oxydationsstufen sind beim Se und Te +4 und +6. Die Koordinationszahl gegenüber Sauerstoff nimmt, ebenso wie bei den Halogenen, zu. Tellur bildet die beständige Säure H_6TeO_6, nicht H_2TeO_4. Man schreibt sie jedoch besser als $Te(OH)_6$, weil die Verbindung praktisch keine sauren Eigenschaften mehr hat. Die Säurestärke vergleichbarer Sauerstoffsäuren nimmt also vom Schwefel zum Tellur hin ab.

Die Erdalkalimetalle

Vorkommen	
Elektronenanordnung	
Bindungscharakter der Erdalkaliverbindungen	
Basizität der Hydroxide	Coulomb'sches Gesetz
	amphoterer Charakter
	Schrägbeziehung im Periodensystem
Kalk, gebrannter Kalk	
gelöschter Kalk	
Wasserhärte (permanent, temporär)	
Gips	
Chlorophyll	Grundbegriffe der Komplexchemie
	Komplexdissoziationskonstante
	Bindungsverhältnisse in Komplexen

Zur II. Hauptgruppe des Periodensystems, der sogenannten Erdalkalimetallgruppe, gehören die Elemente Beryllium, Magnesium, Calcium, Strontium, Barium und Radium. Während Calcium und Magnesium recht häufige Elemente der Erdrinde sind (3 bzw. 2 Gew. %), sind die anderen ziemlich selten, das Radium extrem selten. Die Erdalkalimetalle kommen hauptsächlich als schwerlösliche Carbonate, Sulfate und Silikate in der Natur vor.

Eigenschaft	Be	Mg	Ca	Sr	Ba	Ra
Ordnungszahl	4	12	20	38	56	88
Elektronenanordnung	[He] $2s^2$	[Ne] $3s^2$	[Ar] $4s^2$	[Kr] $5s^2$	[Xe] $6s^2$	[Rn] $7s^2$
Atomgewicht	9,012	24,312	40,08	87,62	137,36	226,05
Dichte bei 0 °C in g/ccm	1,86	1,75	1,55	2,6	3,59	~ 5
Schmelzpunkt °C	1280	651	850	800	850	~ 960
Siedepunkt °C	1500	1107	1487	1366	1537	~ 1140
1. Ionisierungspot.	9,320	7,644	6,111	5,692	5,210	5,277
2. Ionisierungspot. in eV	18,206	15,03	11,87	10,98	9,95	~ 10,10
E_0 in V für $Me \rightleftharpoons Me^{+2} + 2e$	– 1,70	– 2,34	– 2,87	– 2,89	– 2,90	2,92
Atomradius in Å	0,889	1,364	1,736	1,914	1,981	
Ionenradius Me^{2+}	0,31	0,65	0,94	1,10	1,29	1,50
Elektronegativität (n. Pauling)	1,5	1,2	1,0	1,0	0,9	

Eigenschaften der Erdalkalimetalle

Die chemischen Eigenschaften der Erdalkalimetalle lassen sich auf ihre Valenzelektronenanordnung zurückführen. Mit ihren zwei s-Elektronen auf der äußeren Schale ähneln sie in ihrem Verhalten den Alkalimetallen. Die Ionisierungspotentiale liegen allerdings bereits bedeutend höher, besonders die Potentiale für die Abspaltung eines 2. Elektrons sind viel höher als die 1. Ionisierungspotentiale der Alkalimetalle. Dennoch liegen die Erdalkalimetalle in ihren Verbindungen stets in zweiwertiger Form vor. Besser sagt man allerdings, sie betätigen die Oxydationsstufe +2, denn in zahlreichen Erdalkaliverbindungen hat die Bindung schon stark kovalenten Charakter, besonders beim Beryllium und, etwas abgeschwächt, beim Magnesium.

Beryllium bildet überhaupt keine freien Ionen Be^{2+} mehr. Es existieren allerdings in wäßriger Lösung die hydratisierten Ionen $Be(H_2O)_4^{2+}$. Das Beryllium weicht wegen seines extrem kleinen Ionenradius in seinem Verhalten ziemlich stark von den anderen Erdalkalimetallen ab. Welche Bedeutung der Ionenradius für das chemische Verhalten hat, sieht man daraus, daß das Magnesium dem Lithium, das ja in einer anderen Gruppe steht, aber praktisch den gleichen Ionenradius hat, mehr ähnelt als dem Beryllium oder Calcium. Beryllium ähnelt sehr dem Aluminium. Man nennt dieses Verhalten die "Schrägbeziehung" im Periodensystem. Der starke Einfluß des Ionenradius läßt sich noch an einem anderen Beispiel, der Basizität der Hydroxide, demonstrieren:

$Ba(OH)_2$ ist eine sehr starke Base, denn die elektrostatische Anziehungskraft zwischen Ba^{2+} und dem OH^- ist gering, weil das Ba^{2+} einen großen Radius hat. Für die elektrostatische Anziehung gilt das Coulomb'sche Gesetz

$$K \sim \frac{e_1 \cdot e_2}{r^2}$$

Geht man zu den leichteren Elementen über, so wird r immer kleiner, die elektrostatische Anziehung nimmt zu, die Basizität wird immer geringer. Beim Magnesium geht das so weit, daß $Mg(OH)_2$ kaum noch in Ionen dissoziiert. $Mg(OH)_2$ ist in Wasser schwer löslich. Beim $Be(OH)_2$ ist die Bindung zwischen Be und O so stark geworden, daß praktisch ein H^+ ebenso leicht abdissoziieren kann wie ein OH^-. $Be(OH)_2$ löst sich deshalb in Säuren unter Bildung hydratisierter Kationen, $Be(H_2O)_4^{2+}$, in Laugen unter Bildung von Anionen, etwa $Be(OH)_3^-$.

Solche Hydroxide, die sich sowohl in Säuren als auch in Laugen lösen, und die sowohl Kationen als auch Anionen bilden können, nennt man amphoter.

Die Abnahme des basischen Charakters der Hydroxide innerhalb einer Gruppe des Periodensystems beim Übergang von schweren zu leichteren Elementen gilt ganz allgemein für alle Gruppen des Periodensystems. Sie tritt nur nicht überall so augenfällig in Erscheinung wie bei den Erdalkalien.

Nun noch einige spezielle Bemerkungen zu den Erdalkalimetallen: Bei den Metallen selbst sind sämtliche 3 Kristallgittertypen, die man bei Metallen antrifft, vertreten. Ba kristallisiert wie die Alkalimetalle kubisch raumzentriert, Sr und Ca bilden die kubisch dichteste Kugelpackung, Be und Mg die hexagonal dichteste Kugelpackung. Dargestellt werden die Metalle im allgemeinen ebenso wie die Alkalimetalle durch Schmelzflußelektrolyse.

Praktisch wichtig ist das Magnesium als Bestandteil in Leichtmetallegierungen. Trotz seines unedlen Charakters wird metallisches Magnesium nicht angegriffen, da es sich mit einer dünnen, jedoch dichten Oxidschicht überzieht, die es vor weiterem Angriff schützt. MgO löst sich nicht in Wasser, das Metall wird durch den Überzug "passiviert". Von großem technischem Interesse sind $CaCO_3$ und $CaSO_4$. $CaCO_3$ findet man in der Natur als Kalkstein oder, zusammen mit $MgCO_3$, als Dolomit. Beim Erhitzen von $CaCO_3$ entweicht CO_2, es entsteht CaO, der sogenannte gebrannte Kalk.

$$CaCO_3 \rightleftharpoons CaO + CO_2$$

Bei dieser Reaktion handelt es sich, obwohl feste und gasförmige Phasen (heterogene Reaktion) beteiligt sind, um ein sogenanntes heterogenes Gleichgewicht, da das CaO bei niedrigen Temperaturen wieder mit CO_2 zu $CaCO_3$ reagiert.

CaO reagiert stark exotherm mit Wasser zu $Ca(OH)_2$.

$$CaO + H_2O \rightleftharpoons Ca(OH)_2 + 15\ kcal$$

Dieser sogenannte gelöschte Kalk gibt, vermischt mit Wasser und Sand, Mörtel, der beim Bauen zum Verbinden der Steine dient. Die Festigkeit wird dadurch erreicht, daß zuerst das Wasser abgegeben wird und dann durch Aufnahme von CO_2 kristallines $CaCO_3$ gebildet wird, das den Sand mit den Steinen verkittet.

$$Ca(OH)_2 + CO_2 \rightleftharpoons CaCO_3 + H_2O$$

Das sogenannte Abbinden des gelöschten Kalks kann infolgedessen durch Temperaturerhöhungen und CO_2-Zufuhr beschleunigt werden. Deshalb werden bei Neubauten oft Koksöfen aufgestellt.

In CO_2-haltigem Wasser löst sich $CaCO_3$ unter Bildung von Calciumhydrogenkarbonat

$$CaCO_3 + H_2O + CO_2 \rightleftharpoons Ca(HCO_3)_2$$

$Ca(HCO_3)_2$ ist deshalb ein Bestandteil natürlichen Wassers, es erzeugt die sogenannte temporäre Härte des Wassers. Beim Kochen verläuft der oben formulierte Vorgang in umgekehrter Richtung (Flüchtigkeit des CO_2), und $CaCO_3$ fällt aus (Kesselstein).

Die sogenannte permanente Härte des Wassers erzeugt eine andere Calciumverbindung, das $CaSO_4$. Es kommt in der Natur vor als Gips, $CaSO_4 \cdot 2\,H_2O$. Beim "Brennen" von Gips wird das Wasser zum Teil, je nach Brenntemperatur, abgegeben. Bei Wiederbewässerung kristallisiert dann $CaSO_4 \cdot 2\,H_2O$ aus. Darauf beruht die Verwendung von Gips als Bindemittel.

Im Zusammenhang mit den Erdalkalimetallen sei eine Magnesiumverbindung erwähnt, die in der Natur von großer Wichtigkeit ist, das Chlorophyll.

Chlorophyll, der Wirkstoff des Blattgrüns, der den Pflanzen die Photosynthese, die Umsetzung von CO_2 aus der Luft zu organischen Verbindungen ermöglicht, ist eine komplizierte organische Magnesiumverbindung, in der das Magnesium "komplex" gebunden ist.

Der Begriff Komplexverbindung läßt sich folgendermaßen definieren:

> "Ein Komplex ist eine aus zwei oder mehreren Komponenten, die jede für sich existenzfähig sind, aufgebaute Verbindung, die nicht die Eigenschaften ihrer einzelnen Komponenten zeigt."

Löst man z.B. Chlorophyll, so gelingt es nicht, das Magnesium mit Hilfe von Reaktionen, die für Mg^{2+} charakteristisch sind, nachzuweisen. Das Magnesium ist so fest im Komplex gebunden, daß nicht genügend Mg^{2+} in der Lösung vorliegen, um die charakteristischen Reaktionen, z.B. Fällungsreaktionen, zu geben.

Die schon behandelten Verbindungen von Jod mit Alkohol, Äther und KJ kann man als Komplexverbindungen auffassen. Das Jod zeigt ja hierin andere Eigenschaften (Farbe) als in freiem Zustand, und beide Komponenten (Jod und Alkohol z.B.) sind für sich existenzfähig. Auch das in wäßriger Lösung vorliegende $[Mg(H_2O)_6]^{2+}$ ist eine Komplexverbindung. Die Wassermoleküle sind allerdings nur recht locker gebunden und können daher leicht durch andere Liganden ersetzt werden. Gibt man z.B. Ammoniak zu einer wäßrigen Mg-Salz-Lösung, so wird das Wasser gegen Ammoniakmoleküle ausgetauscht. Es entsteht der Komplex $[Mg(NH_3)_6]^{2+}$. Für den Aufbau von Komplexverbindungen ist nicht die Wertigkeit des sogenannten Zentralions entscheidend, sondern die Struktur wird im wesentlichen durch räumliche Faktoren bedingt. Das ganze Komplexmolekül oder Komplexion versucht einen möglichst symmetrischen Bau zu erreichen. Daher beobachtet man, daß bei Komplexverbindungen bestimmte Koordinationszahlen begünstigt sind, hauptsächlich die Koordinationszahlen 4 und 6. Das Zentralatom kann dann seine Liganden tetraedrisch oder oktaedrisch anordnen.

Die Bindungsverhältnisse in Komplexen können sehr unterschiedlicher Natur sein. Wie bei den einfachen chemischen Verbindungen findet man Bindungen, die auf rein elektrostatischer Anziehung beruhen, bis zu starken Atombindungen. Die elektrostatische Anziehung kann auf das Vorhandensein von Dipolen oder von Ionen zurückgeführt werden. So unterscheidet man Dipol-Dipol-Komplexe, z.B. $NH_3 \cdot H_2O$, Ionen-Dipol-Komplexe, z.B. $[Mg(NH_3)_6]^{2+}$, Ionen-Ionen-Komplexe, z.B. $[AlF_6]^{3-}$. Auch die Stabilität dieser Komplexe kann sehr unterschiedlich sein. Ein Maß für ihre Stabilität ist ihre Fähigkeit, in Lösung in ihre Einzelbestandteile zu dissoziieren. Das genannte Ion $[AlF_6]^{3-}$ z.B. kann dissoziieren in Al^{3+} und $6\,F^-$.

Für diesen Vorgang läßt sich eine Komplexdissoziationskonstante formulieren.

$$AlF_6^{3-} \rightleftharpoons Al^{3+} + 6\,F^-$$

$$\frac{[Al^{3+}] \cdot [F^-]^6}{[AlF_6^{3-}]} = K$$

Diese Konstante darf nicht verwechselt werden mit der Dissoziationskonstante, die die Dissoziation eines Salzes des Komplexions AlF_6^{3-}, z.B. des Na_3AlF_6, beschreibt.

$$Na_3AlF_6 \rightleftharpoons 3\,Na^+ + AlF_6^{3-}$$

$$\frac{[Na^+]^3 \cdot [AlF_6^{3-}]}{[Na_3AlF_6]} = K$$

Zusammenfassung der wichtigsten Grundbegriffe der Komplexchemie:

Der Kern eines Komplexes ist das Zentralion oder Zentralatom. Es ist umgeben von seinen Liganden. Die Anzahl der Liganden wird Koordinationszahl genannt. Die meisten Komplexverbindungen leiten sich von den Metallen der Nebengruppen des Periodensystems ab.

7. Die fünfte Hauptgruppe

Übersicht über die Elemente

Stickstoff

Bindung im N_2

MO-Schema

die Dreifachbindung

Erklärung der Doppelbindungsregel

Ammoniak:

Eigenschaften, Synthese

wäßrige Lösung, Ammoniumion

saure Eigenschaften

(Amide, Imide, Nitride)

Hydrazin, Hydroxylamin

Sauerstoffverbindungen des Stickstoffs

Distickstoffoxid

Eigenschaften und Struktur

Stickoxid — Radikale

Stickstoffdioxid

  Eigenschaften — Säureanhydride

  Dimerisierung

Salpetersäure

  Struktur, Eigendissoziation

  Oxydationswirkung, NO_2^+ — Passivierung

salpetrige Säure

  Struktur (Tautometrie)

Phosphor

Vorkommen

Struktur der P-Modifikationen

Hess'scher Satz

Phosphortrioxid und Phosphorpentoxid

Strukturen

Reaktion mit Wasser

Meta-phosphorsäuren u. Polyphosphorsäuren — Kondensation

Neutralisation der Monophosphorsäure — Pufferwirkung

Darstellung von Phosphor

Arsen

Struktur

Arsenwasserstoff (Marsh)

Giftwirkung

Übersicht: Arsen, Antimon, Wismut

Verwendung

Abbildung: Einige Eigenschaften der Vb-Elemente

Der Stickstoff

Stickstoff liegt in Form zweiatomiger Moleküle vor. Das Stickstoffmolekül ist die stabilste Stickstoffverbindung, die existiert. Diese Tatsache muß auch in den Bindungsverhältnissen

Einige Eigenschaften der Vb-Elemente

	N	P	As	Sb	Bi
Ordnungszahl	7	15	33	51	83
Elektronenanordnung	[He] $2s^2\,2p^3$	[Ne] $3s^2\,3p^3$	[Ar] $4s^2\,4p^3$	[Kr] $5s^2\,5p^3$	[Xe] $6s^2\,6p^3$
Atomgewicht	14,007	30,974	74,92	121,75	208,98
Siedepunkt C	– 195,8	280,5	610	1380	1450
Atomradius in Å	0,74	1,10	1,21	1,41	1,52
Ionisierungspotential in eV	14,54	11,0	10	8,64	8
Elektronegativität nach Pauling	3,0	2,1	2,0	1,8	

zum Ausdruck kommen. Mit seinen 5 Valenzelektronen kann der Stickstoff im zweiatomigen Molekül eine Edelgaskonfiguration nur erreichen, wenn drei gemeinsame bindende Elektronenpaare vorhanden sind.

$$:\dot{\underset{\cdot}{N}}\cdot \quad \cdot\dot{\underset{\cdot}{N}}: \longrightarrow :N:::N:$$

oder

$$|N \equiv N|$$

Die Dreifachbindung bedingt die besonders hohe Stabilität des Stickstoffmoleküls.

Es sei hier näher darauf eingegangen, wie man eine solche Dreifachbindung genauer verstehen kann.

Das Stickstoffatom hat in der L-Schale 5 Elektronen. Diese Valenzelektronen besetzen folgende Orbitale

↑↓	↑	↑	↑	(Hund'sche Regel)
s	p_x	p_y	p_z	

Nähert man 2 Stickstoffatome einander, so bilden sich durch Überlappung Molekülorbitale, und zwar entsteht durch Überlappung von s-Orbitalen ein bindendes und ein antibindendes Molekülorbital,

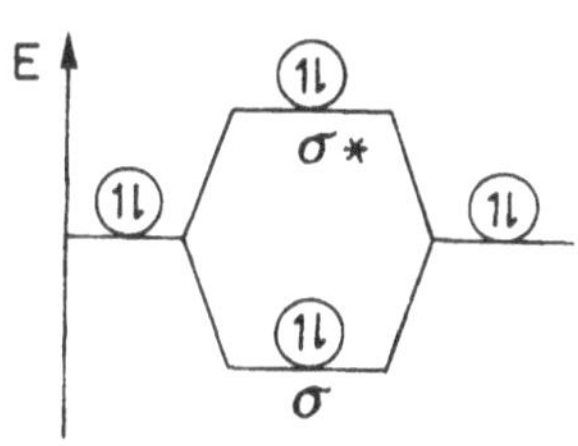

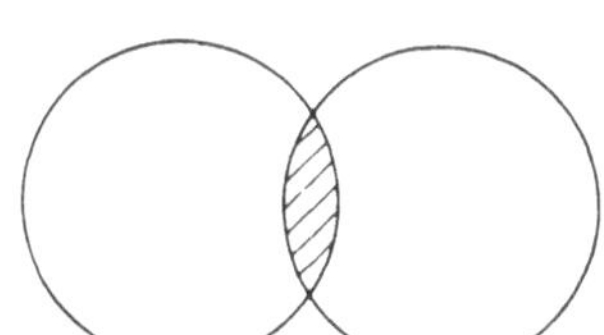

σ

und zwar sog. σ-MO's mit maximaler Elektronendichte zwischen den Kernen. Da beide MO's voll besetzt sind, führt die Überlappung nicht zur Bindung.

Wenn man sich ein Elektron anschaulich als Masseteilchen vorstellt, ist es schwierig, derartige antibindende σ^* zu verstehen. Leichter ist es, wenn man sich daran erinnert, daß ein Elektron auch Welleneigenschaften hat. Die Überlagerung von Wellen kann eine Verstärkung, aber auch Schwächung oder Aufhebung der Amplituden mit sich bringen.

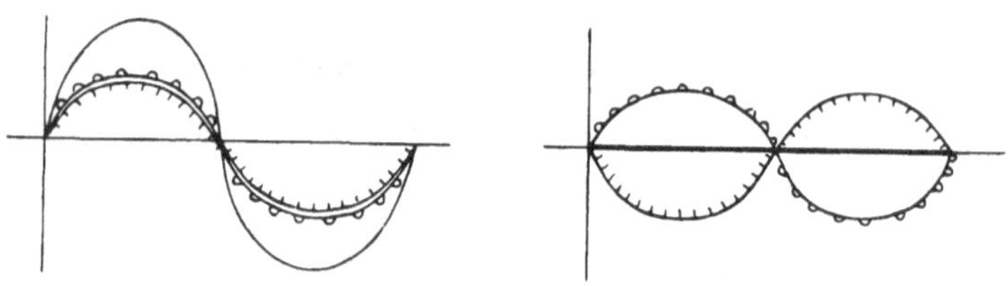

So ähnlich ist es auch bei der Bildung der bindenden und antibindenden MO's.

Es sei jetzt die Überlappung der p-Orbitale beim Stickstoff betrachtet.

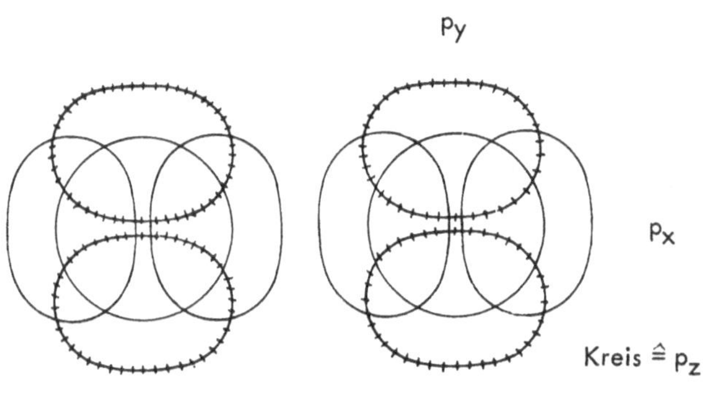

2 N-Atome getrennt

Die Überlappung der p_x-Orbitale führt zur Ausbildung eines bindenden und eines antibindenden $p\sigma$- bzw. $p\sigma^*$-Orbitals, die p_y- und p_z-Orbitale bilden dagegen π MO's aus (mit minimaler Elektronendichte zwischen den Kernen).

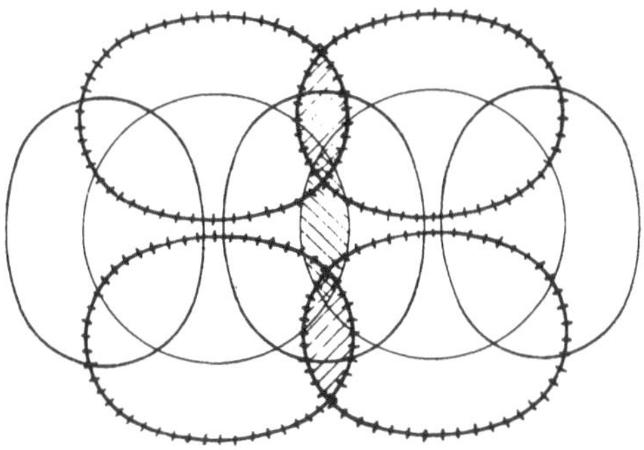

2 N-Atome gebunden

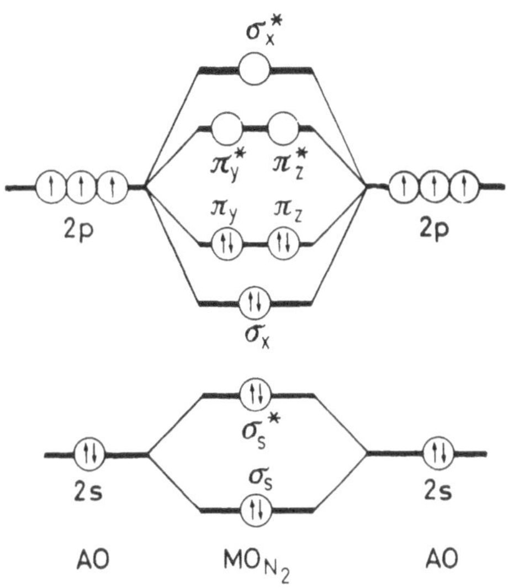

Energieniveauschema des N_2

Keines der energiereicheren antibindenden MO's ist besetzt. Daraus resultiert der große Energiegewinn bei der Bildung des Stickstoffmoleküls und dessen große Stabilität. Das MO-Diagramm erklärt auch ganz deutlich, warum Stickstoffmoleküle stabiler sind als Sauerstoff- und Fluormoleküle. Das MO-Schema für diese Moleküle ist ebenso, aber beim Sauerstoff und Fluor müssen zwangsläufig antibindende MO's besetzt sein.

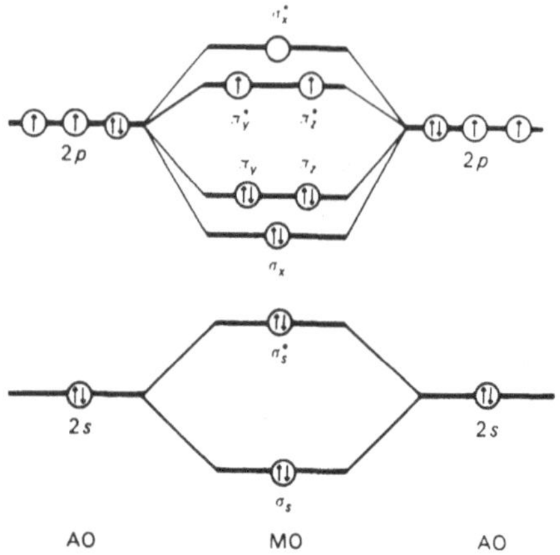

Energieniveauschema des O_2

Das drückt sich experimentell deutlich in den Dissoziationsenergien der Moleküle aus:

$$F_2 + 37{,}7\ \text{kcal} \rightleftharpoons 2\,F$$

$$O_2 + 117\ \text{kcal} \rightleftharpoons 2\,O$$

$$N_2 + 226\ \text{kcal} \rightleftharpoons 2\,N$$

Die beiden Elektronen, die im Sauerstoffmolekül in antibindende MO's eingebaut werden, besetzen die beiden entarteten π^*-Orbitale (Hund'sche Regel) und haben parallelen Spin. Auf diese Weise wird der Paramagnetismus des O_2 leicht verständlich. Die MO-Betrachtung macht auch die sogenannte Doppelbindungsregel, die schon erwähnt wurde, verständlich. p_π- p_π-Doppelbindungen können nur kleine Elemente, Elemente der 1. 8er-Periode geben. Bei größeren Elementen können die p_y und p_z Elektronen nicht mehr gegenseitig überlappen.

Das folgende Bild zeigt die Form von p- (Pilzform) und d-Elektronenwolken (Rosettenform) der Elemente ab der 2. 8er-Periode.

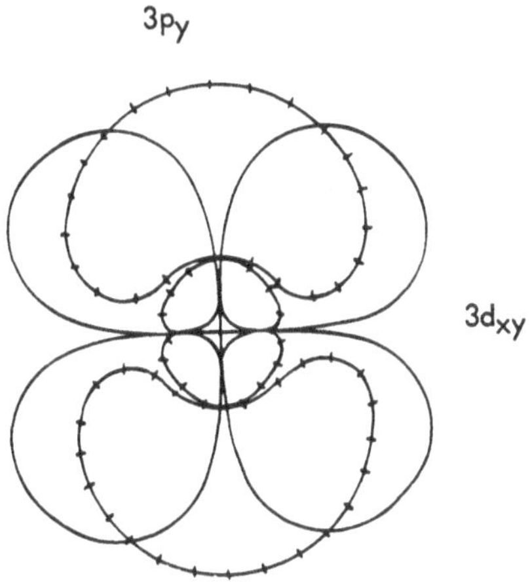

p- und d-Elektronen (2. 8er-Periode)

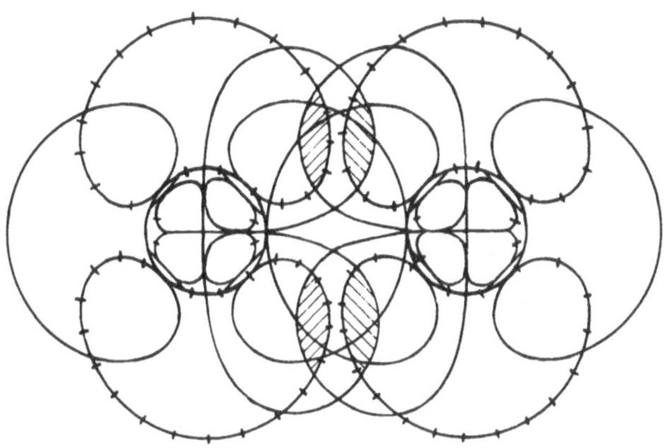

Überlappung von 2 Atomen der 2. 8er-Periode

Allerdings ist, wie sich aus dem Bild ersehen läßt, eine geringe Überlappung mit d-Orbitalen zu p_{π} - d_{π} -Orbitalen möglich. Eine derartige Überlagerung ist übrigens auch zwischen Atomen der 2. und solchen ab der 3. Periode möglich.

Da Stickstoff also in seinem Verhalten ziemlich stark von den anderen Elementen der Gruppe abweicht, sollen seine Verbindungen gesondert betrachtet werden.

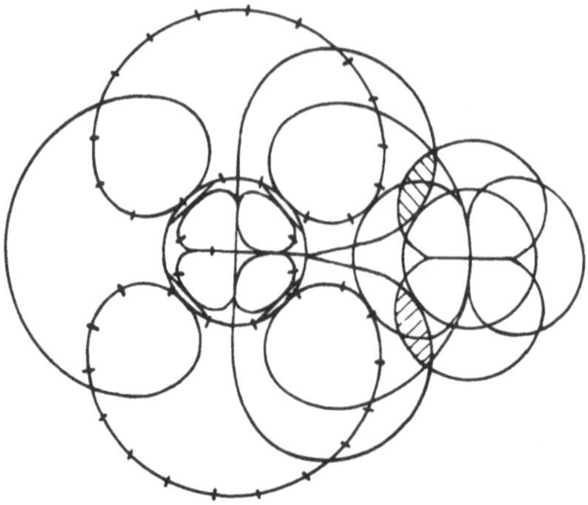

Überlappung zwischen Atomen aus der 1. und 2.
8er-Periode

Wasserstoffverbindungen des Stickstoffs

Stickstoff bildet mit Wasserstoff mehrere Verbindungen, von denen die wichtigste das Ammoniak, NH_3, ist.

Ammoniak ist ein stechend riechendes, farbloses Gas, das sich leicht verflüssigen läßt (K_p -33,4°). Es hat in vielerlei Hinsicht Ähnlichkeit mit Wasser. Das Ammoniakmolekül hat folgende Struktur

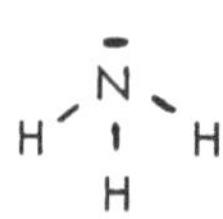

Es hat einen pyramidalen Bau und dadurch, ähnlich wie das Wasser, ein Dipolmoment. Deshalb kann NH_3 auch ähnliche Anlagerungsverbindungen bilden wie Wasser. Ebenso besteht im flüssigen Ammoniak ein Dissoziationsgleichgewicht:

$$2\,NH_3 \rightleftharpoons NH_4^+ + NH_2^-$$

entsprechend $$2\,H_2O \rightleftharpoons H_3O^+ + OH^-$$

Ammoniak läßt sich aus den Elementen darstellen:

$$N_2 + 3\,H_2 \rightleftharpoons 2\,NH_3 + 22\ \text{kcal}$$

Die Vereinigung von Stickstoff und Wasserstoff ist also ein exothermer Vorgang. Nach dem Le Chatelier-Prinzip ist demnach die Ausbeute aus NH_3 umso höher, bei je niedrigerer Temperatur man arbeitet. Bei normaler Temperatur ist aber sowohl die Reaktionsgeschwindigkeit als auch die Zersetzungsgeschwindigkeit des NH_3 so gering, daß sich in endlicher Zeit kein Gleichgewicht einstellt. Um zu wirtschaftlich vernünftigen Ausbeuten an NH_3 zu kommen, muß man sowohl die Gleichgewichtslage als auch die Reaktionsgeschwindigkeit berücksichtigen.

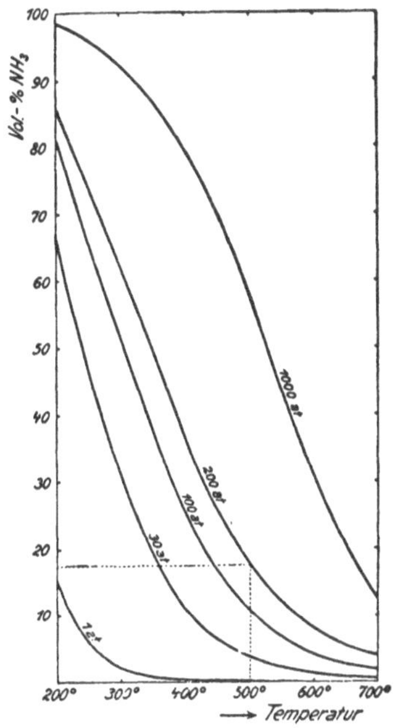

Abhängigkeit der Ammoniakausbeute von Druck und Temperatur bei der Synthese aus den Elementen

Die Gleichgewichtslage läßt sich außer durch Temperaturerniedrigung durch Erhöhung des Drucks nach "rechts verschieben". Dies ergibt sich aus der Reaktionsgleichung, denn wegen des Avogadro'schen Gesetzes gibt eine Reaktionsgleichung nicht nur die Zahl der miteinander reagierenden Moleküle an, sondern bei gasförmigen Stoffen auch die Zahl der Volumeneinheiten. Da 1 Volumen Stickstoff und 3 Volumina Wasserstoff zu 2 Volumina Ammoniak reagieren, muß eine Druckerhöhung nach dem Prinzip von Le Chatelier die Ausbeute an NH_3 erhöhen. (Grenzen sind nur durch die Technik und die entstehenden Kosten gesetzt. In der Praxis arbeitet man mit Drücken von 200 - 1000 atm.)

Um die Reaktionsgeschwindigkeit zu erhöhen, benutzt man, wie schon besprochen, Katalysatoren. Diese wirken jedoch erst ab 400°C genügend stark beschleunigend. Es muß ein wirtschaftlich vertretbarer Kompromiß gesucht werden, da einerseits die Einstellung des Gleichgewichts durch Temperaturerhöhung beschleunigt aber andererseits das Gleichgewicht selbst nach rechts verschoben wird. (In der Praxis wird bei etwa 500°C gearbeitet.)

Die Ausgangsprodukte für die Ammoniaksynthese sind billig. N_2 wird aus Luft, H_2 aus Wasser gewonnen, beides mit Kohle (Generatorgas, Wassergas). Die Energie, die bei der Bildung des Generatorgases frei wird, wird benutzt für die endotherme Wassergasbildung. Das Nebenprodukt CO wird zu CO_2 oxydiert und mit Lösungsmitteln ausgewaschen. Die großtechnische Darstellung von NH_3 ist deshalb so wichtig, weil es den Hauptbestandteil von Düngemitteln darstellt. Die Ammoniaksynthese ist die einfachste Möglichkeit, den Luftstickstoff in lösliche Stickstoffverbindungen zu überführen. Ammoniak löst sich sehr leicht und in großen Mengen in Wasser.

Die wäßrige Lösung reagiert basisch. Die basische Reaktion ist darauf zurückzuführen, daß das NH_3-Molekül Protonen aus dem Wasser aufnimmt.

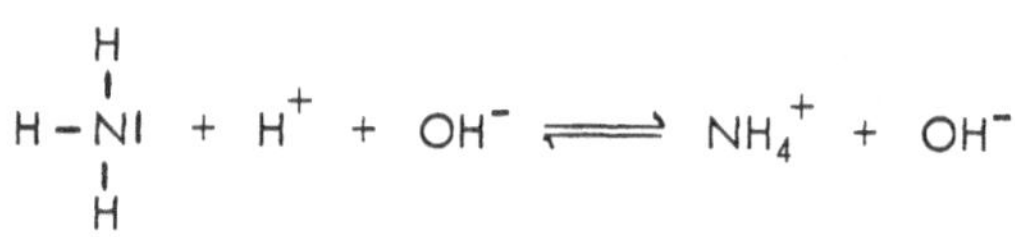

Das Proton lagert sich an das freie Elektronenpaar am NH_3-Molekül an. Trotz der großen Löslichkeit des Ammoniaks ist die wäßrige Lösung nur eine schwache Base. Das oben gezeigte Gleichgewicht liegt also weitgehend auf der linken Seite; d.h. der chemische Vorgang beim Lösen des Ammoniaks spielt nur eine untergeordnete Rolle. Ein großer Teil des NH_3 muß in anderer Weise, physikalisch, gelöst sein. Ein oft formuliertes NH_4OH - Molekül gibt es nicht, da es folgendermaßen aussehen würde:

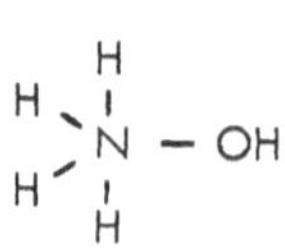

Das Stickstoffatom müßte mit 5 Liganden verbunden, es müßte "fünfbindig", sein. Das ist aber nicht möglich, weil in die L-Schale des Stickstoffs nur 4 Elektronenpaare hineinpassen ($2 \cdot n^2$). Eine Verbindung wie die oben formulierte kann vom Stickstoff nicht existieren, Stickstoff kann nicht 5 kovalente Bindungen ausbilden.

Anders ist es übrigens beim homolgen Phosphor. Bei ihm ist die Valenzelektronenschale die M-Schale, die prinzipiell 9 Elektronenpaare aufnehmen kann (1 s-, 3 p-, 5 d-Elektronenpaare, $2 \cdot 3^2$). Man kennt zwar nicht die Verbindung PH_4OH, wohl aber z.B. Phosphorpentachlorid, PCl_5

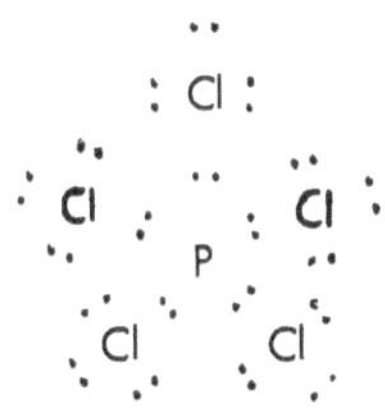

Die physikalische Lösung des Ammoniaks in Wasser sieht folgendermaßen aus: Beide Moleküle sind Dipolmoleküle, die sich elektrostatisch anziehen können. Die Ammoniaklösung enthält also hauptsächlich Addukte wie:

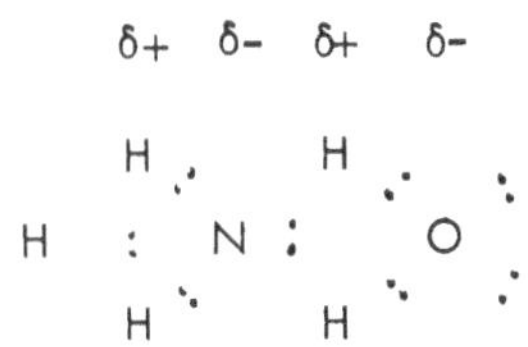

die formelmäßig am zweckmäßigsten zu schreiben sind als: $H_3N \cdot H_2O$.

Das Gleichgewicht in Wasser lautet dann:

$$H_3N \cdot H_2O \rightleftharpoons NH_4^+ + OH^-$$

Beim Erhitzen einer wäßrigen NH_3-Lösung wird wegen seiner Flüchtigkeit NH_3 abgegeben.

Bei starkem Erhitzen dissoziiert NH_3 in N_2 und H_2. Daher ist Ammoniak mit O_2 brennbar. Die Reaktion:

$$4\,NH_3 + 3\,O_2 \rightleftharpoons 2\,N_2 + 6\,H_2O + 302\text{ kcal}$$

ist stark exotherm.

Ebenso wie mit Wasser reagiert NH_3 selbstverständlich auch mit Säuren. Das Hydrolysengleichgewicht liegt dabei jedoch viel weiter auf der rechten Seite, z.B.

$$NH_3 + H^+Cl^- \rightleftharpoons NH_4^+ + Cl^-$$

Es sei noch erwähnt, daß NH_3 nicht nur basische, sondern auch schwach saure Eigenschaften hat. Bei der Eigendissoziation des flüßigen NH_3 entsteht (s.S. 132) neben dem Basenkation NH_4^+ auch ein Säureanion, NH_2^-. Leitet man NH_3 über erhitzte Metalle, so bilden sich aufgrund der sauren Eigenschaften des NH_3 Metallamide, -imide oder -Nitride, z.B.:

$$Mg + 2\,NH_3 \rightleftharpoons Mg(NH_2)_2 + H_2$$

$$Mg(NH_2)_2 \rightleftharpoons Mg(NH) + NH_3$$

$$3\,Mg(NH) \rightleftharpoons Mg_3N_2 + NH_3$$

Der Stickstoff hat im NH_3 die Oxydationsstufe -3. Es seien noch zwei andere Wasserstoffverbindungen des Stickstoffs erwähnt, in denen der Stickstoff in anderer Oxydationsstufe vorliegt:

Hydrazin

Hydrazin hat die Formel $H_2N - NH_2$. Die Oxydationszahl des Stickstoffs ist -2. Daraus geht klar hervor, daß es ein Oxydationsprodukt des Ammoniaks ist. Hydrazin wirkt, ebenso wie NH_3, basisch, es kann aber zum Unterschied von NH_3 sogar als zweisäurige Base fungieren.

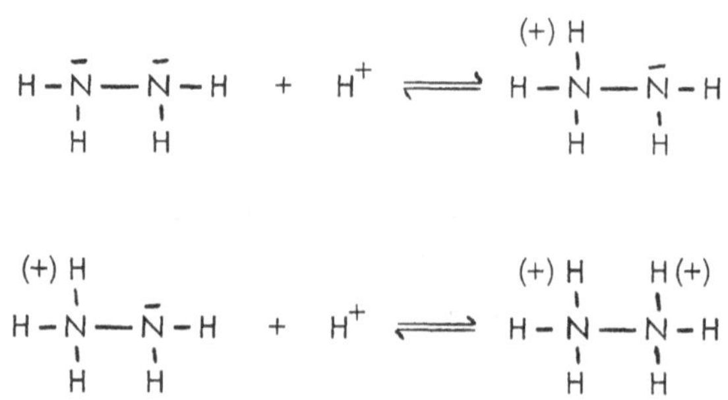

Hydroxylamin

Ein Oxydationsprodukt des Hydrazins ist das Hydroxylamin, H_2NOH. Der Stickstoff hat darin die Oxydationszahl -1. Auch Hydroxylamin hat basische Eigenschaften, es bildet Hydroxylammoniumsalze, z.B.

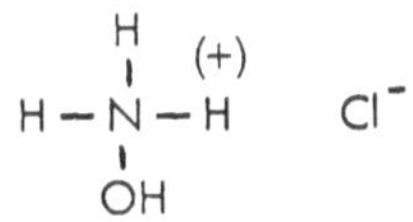

Sauerstoffverbindungen des Stickstoffs

Besonders groß ist die Zahl der Sauerstoffverbindungen des Stickstoffs, von denen 5 genannt werden sollen.

+1 N_2O	Stickoxydul, Distickstoffoxid, Lachgas
+2 NO	Stickoxid
+3 N_2O_3	Distickstofftrioxid
+4 NO_2	Stickstoffdioxid
+5 N_2O_5	Distickstoffpentoxid

Distickstoffoxid wird im Gemisch mit O_2 als Narkotikum verwendet. Das N_2O Molekül ist gestreckt. Um es in Valenzstrichschreibweise wiederzugeben, werden wieder Mesomerieformeln benötigt:

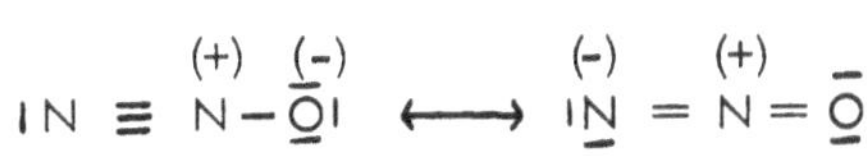

Distickstoffoxid gibt leicht den Sauerstoff ab. Es unterhält die Verbrennung.

$$2\,N_2O \rightleftharpoons 2\,N_2 + O_2 + 39\text{ kcal}$$

Stickstoffmonoxid

Farbloses, schwer kondensierbares Gas ($K_p = -152^\circ$). NO ist ein Radikal, jedoch stabil. Dies ist erklärlich, wenn man an das MO-Schema des N_2 denkt. Das Schema des NO unterscheidet sich im wesentlichen dadurch, daß zusätzlich ein Elektron ein antibindendes MO besetzt. Das reicht nicht aus, um das Molekül völlig instabil zu machen; allerdings ist NO recht reaktionsfähig, es wird z.B. leicht von Sauerstoff zu NO_2 oxydiert.

NO ist übrigens bei normaler Temperatur nur kinetisch stabil, nicht thermodynamisch. Die Reaktion:

$$42{,}1\ \text{kcal} + N_2 + O_2 \rightleftharpoons 2\ NO$$

ist endotherm. Bei 3000°C sind erst etwa 5 % NO im Gleichgewicht. Dadurch wird die Synthese aus N_2 und O_2 sehr erschwert. Man benötigt große Energie und muß das NO schnell abkühlen, damit es in einen Temperaturbereich kommt, in dem es metastabil ist. Wegen der technischen Schwierigkeiten dieser Synthese wird NO fast nur durch katalytische Verbrennung von NH_3 hergestellt. (Ostwald-Verfahren).

$$4\ NH_3 + 5\ O_2 \rightleftharpoons 4\ NO + 6\ H_2O + 16\ \text{kcal}$$

NO bzw. NO_2 sind wichtig für die Darstellung von Salpetersäure. Beim Lösen von NO_2 in Wasser entsteht durch Disproportionierung salpetrige Säure und Salpetersäure

$$2\ \overset{+4}{N}O_2 + H_2O \rightleftharpoons H\overset{+3}{N}O_2 + H\overset{+5}{N}O_3$$

HNO_2 läßt sich leicht durch Luftsauerstoff weiteroxydieren. NO_2 ist kein echtes Säureanhydrid, man kann es aber als gemischtes Anhydrid der salpetrigen und der Salpetersäure auffassen. Die echten Anhydride der beiden Säuren gibt es auch. Es sind die beiden Oxide N_2O_3 und N_2O_5.

Zum NO_2 ist noch zu sagen, daß es ebenso wie NO ein Radikal ist und daher sehr reaktionsfähig und besonders zu Additionsreaktionen bereit ist. So reagiert es leicht mit sich selbst zu N_2O_4.

$$2\ NO_2 \rightleftharpoons N_2O_4 + 14{,}7\ \text{kcal}$$

Da die Reaktion exotherm ist, liegt das Gleichgewicht bei tiefen Temperaturen auf der Seite des N_2O_4. Das kann man leicht beobachten, weil N_2O_4 im Gegensatz zum braunen NO_2 farblos ist.

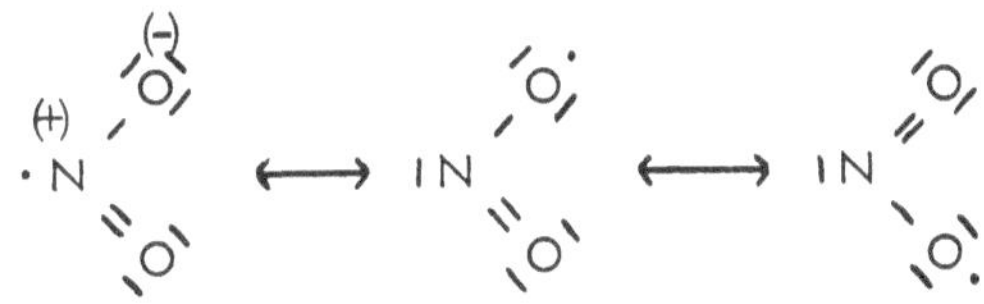

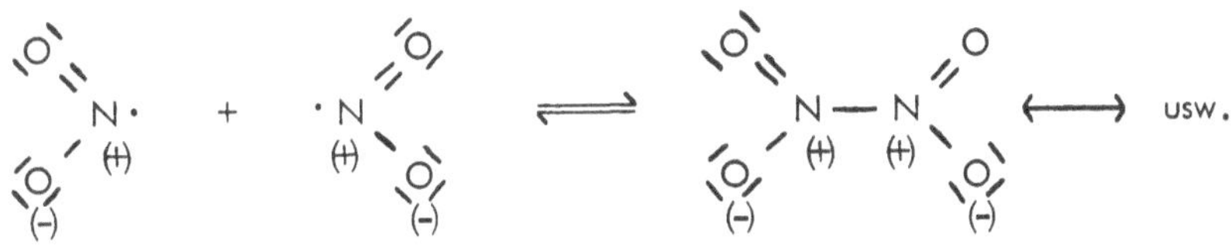

Die Salpetersäure

Sie ist die wichtigste und stabilste Sauerstoffsäure des Stickstoffs und in wäßriger Lösung eine sehr starke Säure

$$HNO_3 + H_2O \rightleftharpoons H_3O^+ + NO_3^-$$

Das ist von der Struktur her leicht verständlich: Das Nitration ist viel symmetrischer als die freie Säure

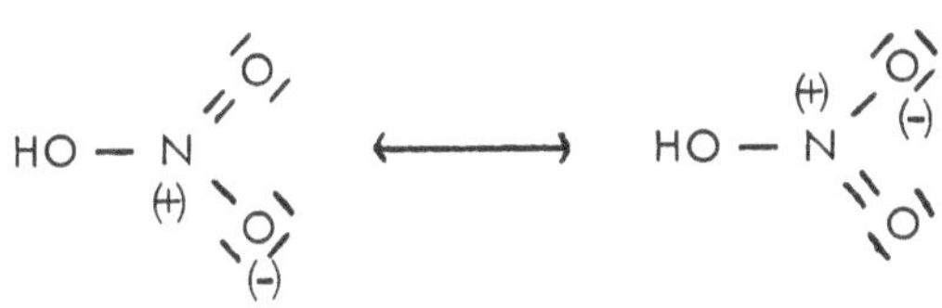

Säure

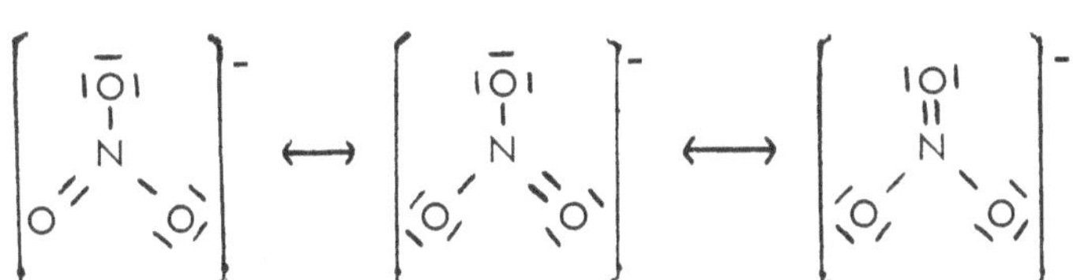

Nitration

Sowohl bei der Säure als auch beim Nitration liegen das Stickstoffatom und die drei O-Atome in einer Ebene (planar).

Verdünnte Salpetersäure ist ein schwaches Oxydationsmittel, das Nitration wird nur durch starke Reduktionsmittel zu NO reduziert. Dagegen ist konz. HNO_3 ein sehr starkes Oxydationsmittel. Der wirksame oxydierende Bestandteil der HNO_3 ist das Nitrylion NO_2^+. HNO_3 ist dissoziiert gemäß

$$2\,HNO_3 \rightleftharpoons NO_2^+ + NO_3^- + H_2O$$

Daß sie dissoziiert ist, läßt sich leicht nachweisen. Sie leitet den elektrischen Strom. Das NO_2^+ läßt sich nachweisen, indem man es mit anderen starken Säuren unter Salzbildung abfängt, z.B. mit $HClO_4$.

$$HNO_3 + 2\,HClO_4 \rightleftharpoons NO_2^+ClO_4^- + H_3O^+ + ClO_4^-$$

Organische Verbindungen kann man mit einem Gemisch von Salpetersäure und konz. Schwefelsäure nitrieren. Der wirksame Bestandteil ist auch dabei das NO_2^+.

Gold und Platin werden im Gegensatz zu Silber (a) von HNO_3 nicht angegriffen; daher der Name "Scheidewasser" für HNO_3. Sie lösen sich aber in Königswasser (b).

a) $3\,Ag + 4\,H\overset{+5}{N}O_3 \rightleftharpoons 3\,Ag^+ + 3\,NO_3^- + \overset{+2}{N}O + 2\,H_2O$

b) $HNO_3 + 3\,HCl \rightleftharpoons NOCl + Cl_2 + 2\,H_2O$

Der oxydativ wirksame Bestandteil des Königswassers ist das Nitrosylchlorid und das Chlor.

Die stark oxydierende Wirkung der konzentrierten Salpetersäure führt allerdings auch dazu, daß manche unedlen Metalle nicht darin löslich sind, weil eine Passivierung eintritt. Wie bei Magnesium an der Luft bildet sich an der Metalloberfläche eine Oxidhaut, die vor weiterem Angriff der Säure schützt. So löst sich selbst das unedle Eisen nicht ohne weiteres in Salpetersäure.

Nitrate geben beim Erhitzen leicht Sauerstoff ab.

Darauf beruht die Verwendung von KNO_3 im Schießpulver. Brennbare Stoffe wie C oder S werden sehr schnell zu gasförmigen Produkten oxydiert (Explosion).

In der Natur findet man Lagerstätten von $NaNO_3$ (z.B. Chile). Dieser "Chilesalpeter" dient noch heute als Düngemittel. Der weitaus größte Teil der Stickstoffdüngemittel wird aber synthetisch hergestellt. $(NH_4)_2SO_4$, NH_4NO_3 usw.

Salpetrige Säure

Salpetrige Säure ist eine unbeständige Verbindung. Sie kann sowohl reduzierend wirken (wobei sie zu NO_3^- oxydiert wird) als auch oxydierend (wobei sie selbst zu NO reduziert wird).

Von der salpetrigen Säure existieren 2 tautomere Formen.

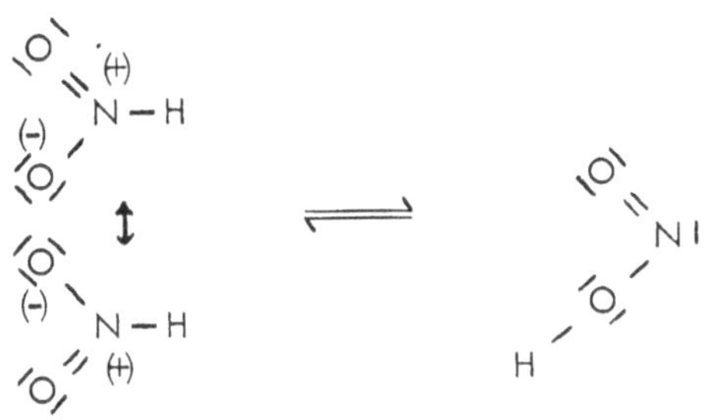

Es lassen sich organische Verbindungen darstellen, die sich von beiden tautomeren Formen ableiten

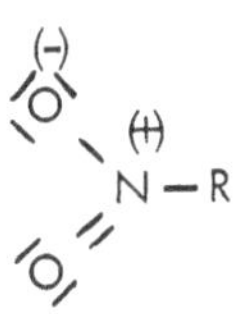

und

Nitroverbindungen

Salpetrigsäureester

Phosphor

Phosphor ist, wie schon gesagt, ein recht häufiges Element (0,12 % der Erdrinde). Er findet sich als Mineral hauptsächlich in Form von phosphorsauren Calciumsalzen verschiedener Zusammensetzung. Besonders wichtig sind die Apatite

$Ca_5(PO_4)_3OH$	Hydroxyl-apatit
$Ca_5(PO_4)_3F$	Fluor -apatit
$Ca_5(PO_4)_3Cl$	Chlor -apatit

und der Phosphorit.

$$3\ Ca_3(PO_4)_2 \cdot Ca(OH)_2$$

Phosphorit und Hydroxylapatit sind die Hauptbestandteile der Knochen und Zähne von Menschen und Tieren, der Zahnschmelz enthält größere Mengen Fluorapatit.

Phosphor ist in den Organismen auch in anderer Form vorhanden, in Form organischer Verbindungen wie Lecithin, Nucleinsäuren usw.. Reich an Phosphor sind die Ausscheidungen von Tieren, besonders von Vögeln (Guano: Verwendung als wichtiges Düngemittel).

Der elementare Phosphor kommt in mehreren Modifikationen vor. Besonders bekannt sind der weiße, der rote und der schwarze Phosphor, der schon metallische Eigenschaften hat.

Da Elemente der höheren Perioden keine p_π - p_π-Doppelbindungen ausbilden, erfolgt der Aufbau der Phosphorstruktur anders als beim Stickstoff. Wenn ein Element der 5. Hauptgruppe nur Einfachbindungen ausbildet, muß es sich, um eine Edelgaskonfiguration zu erreichen, zwangsläufig mit drei Partnern verbinden:

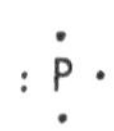

Das einfachste Phosphormolekül, das man sich vorstellen kann, muß 4 P-Atome enthalten

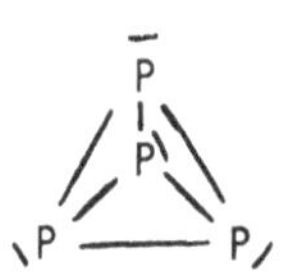

Die 4 P-Atome bilden ein Tetraeder. Dies ist die Struktur des weißen Phosphors. Weißer Phosphor bildet sich, der Ostwald'schen Stufenregel gemäß, bei der Kondensation von Phosphordampf. Es ist eine nur metastabile Modifikation, die sich allmählich in die stabilere rote Modifikation, die einen kleineren Dampfdruck hat, umwandelt. Reinen roten Phosphor erhält man, wenn man weißen Phosphor etwa 20 Stunden lang in einem geschlossenen Gefäß auf 380° erhitzt:

$$\text{P (weiß)} \longrightarrow \text{P (rot)} + 4{,}4\ \text{kcal.}$$

Wie läßt sich eine solche verhältnismäßig geringe Umwandlungswärme, die erst über einen längeren Zeitraum frei wird, überhaupt messen? Das kann man wahrscheinlich nicht direkt, denn es ist kaum möglich, über einen längeren Zeitraum eine Zufuhr oder Abfuhr von Wärme durch Wärmeleitung oder Wärmestrahlung zu verhindern. Hier hilft aber die Kenntnis einer wichtigen Gesetzmäßigkeit, des Hess'schen Wärmesatzes, eines Erfahrungssatzes:

> "Die bei irgendeinem Vorgang aufgenommene oder abgegebene Energie ist nur vom Anfangs- und Endzustand des Systems, nicht aber vom Wege des Vorgangs abhängig."

Diese Erkenntnis kann man sich folgendermaßen zunutze machen: Man verbrennt weißen Phosphor und mißt die Verbrennungswärme und verbrennt roten Phosphor und bestimmt ebenfalls die molare Verbrennungswärme. In beiden Fällen entsteht P_2O_5. Der Endzustand ist also jeweils der gleiche. Die Energiedifferenz muß demnach der Umwandlungswärme von weißem in roten Phosphor entsprechen.

Noch ein paar Worte zur Struktur der anderen Phosphormodifikationen: Im roten Phosphor sind die P_4-Tetraeder zum Teil noch erhalten. Sie sind aber untereinander zu Ketten verbunden. Der schwarze Phosphor, der unter hohem Druck entsteht und elektrische Leitfähigkeit besitzt, besteht aus Doppelschichten von P-Atomen, von denen jedes mit drei anderen P-Atomen verbunden ist.

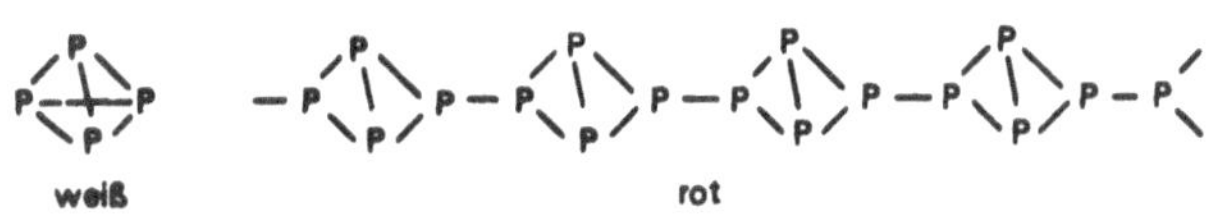

Strukturen von weißem und rotem Phosphor

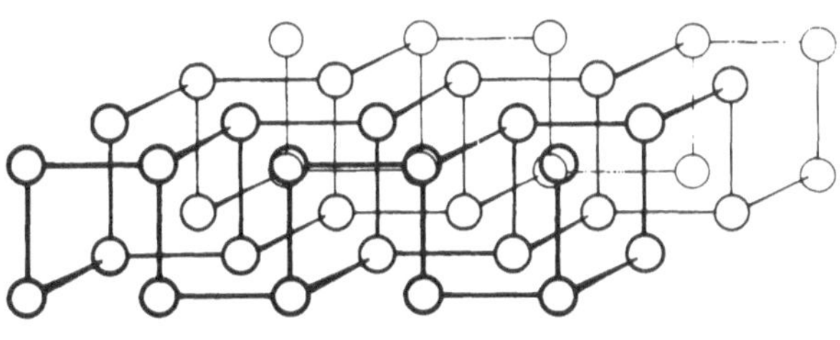

Die Anordnung der Atome in gewellten Schichten, wie sie in kristallinem, schwarzem Phosphor gefunden wird

Weißer Phosphor ist sehr reaktionsfähig. Er ist selbstentzündlich und muß daher unter Wasser aufbewahrt werden. Mit Sauerstoff brennt er sogar unter Wasser. Auch mit Halogenen und Schwefel reagiert er lebhaft bei Raumtemperatur. An feuchter Luft geht er in langsamer Verbrennung zuerst in P_4O_6, dann in P_4O_{10} über. Dabei beobachtet man ein bläuliches Leuchten (Chemolumineszenz).

Weißer Phosphor ist ein starkes Reduktionsmittel, Cu^{2+} werden in wäßriger Lösung zu Cu reduziert. Der rote Phosphor reduziert Metallionen nicht. Roter Phosphor ist nicht selbstentzündlich, er entzündet sich aber beim Verreiben mit starken Oxydationsmitteln wie $KClO_3$ (Reibfläche von Zündhölzern).

Verbindungen des Phosphors

Analog dem Ammoniak ist Phosphorwasserstoff, PH_3, aufgebaut. PH_3 ist aber viel instabiler, hat viel schwächer basische Eigenschaften, aber ein bedeutend stärkeres Reduktionsvermögen. Es gibt auch ein Hydrazinanaloges, P_2H_4.

Mit unedlen Metallen reagiert Phosphor unter Bildung von Phosphiden, z.B. Ca_3P_2. Bei deren Hydrolyse entsteht ein Gemisch von PH_3 und P_2H_4.

Sauerstoffverbindungen des Phosphors

Auch Phosphor kann, ebenso wie Stickstoff, in seinen Sauerstoffverbindungen in den verschiedensten Oxydationsstufen auftreten. Besonders häufig und wichtig sind die Oxydationsstufen +5 und +3. So bildet Phosphor die Oxide

$\overset{+3}{P_2O_3}$ und $\overset{+5}{P_2O_5}$, Phosphortrioxid und Phosphorpentoxid. Hier ist zu beachten, daß beide Oxide in Wirklichkeit mindestens dimer sind. P_2O_5 tritt in mehreren Modifikationen auf.

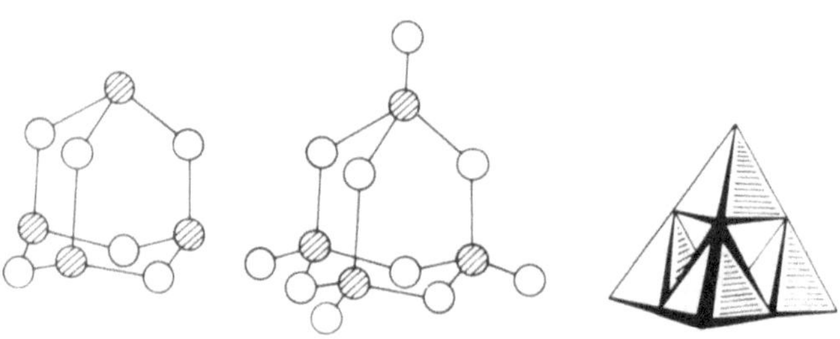

Struktur von P_4O_6 und P_4O_{10}

Die Strukturen von P_4O_6 und P_4O_{10} leiten sich in einfacher Weise von P_4 ab. Beide Oxide sind Säureanhydride. Vom P_2O_4 leitet sich die phosphorige Säure, H_3PO_3 ab, P_4O_{10} ist das Anhydrid dreier Säuren, deren Struktur noch behandelt wird.

$$P_4O_{10} + 6\,H_2O \rightleftharpoons 4\,H_3PO_4$$

$$P_4O_{10} + 4\,H_2O \rightleftharpoons 2\,H_4P_2O_7$$

$$n\,P_4O_{10} + 2n\,H_2O \rightleftharpoons 4\,(HPO_3)_n$$

P_4O_{10} wird technisch durch Verbrennen von Phosphor gewonnen. Umgekehrt kann man P_4O_{10} mit C zu Phosphor reduzieren. Phosphor wird technisch dargestellt, indem Calciumphosphat mit SiO_2 umgesetzt und das entstandene P_4O_{10} mit Kohle reduziert wird. Die Umsetzung von Phosphat mit SiO_2 ist folgendermaßen zu erklären. Wie schon bei der Behandlung der Schwefelsäure erklärt, kann man eine leichter flüchtige Säure darstellen, indem man ihre Salze mit einer schwerer flüchtigen Säure umsetzt. Ebenso kann man ein leichter flüchtiges Säureanhydrid darstellen, indem man ein Salz mit einem schwerer flüchtigen Anhydrid erhitzt. SiO_2 ist ein schwerer flüchtiges Säureanhydrid als P_4O_{10}, das schon bei $\sim 350^\circ$C sublimiert. An dieser Stelle soll darauf hingewiesen werden, daß man sich prinzipiell jedes Salz einer Sauerstoffsäure aus einem Basenanhydrid und einem Säureanhydrid zusammengesetzt denken kann, z.B.

$$CaSO_4 = CaO + SO_3$$

$$Ca_3(PO_4)_2 = 3\,CaO + P_2O_5$$

$$CaSiO_3 = CaO + SiO_2$$

Orthophosphorsäure, H_3PO_4, wird technisch aus Calciumphosphat und Schwefelsäure erhalten. Diese Umsetzung funktioniert, obwohl Phosphorsäure schwerer flüchtig ist als Schwefelsäure, weil Calciumsulfat sehr schwerlöslich ist und auf diese Weise aus dem Gleichgewicht entfernt wird.

$$Ca_3(PO_4)_2 + 3\,H_2SO_4 \rightleftharpoons 3\,CaSO_4 + 2\,H_3PO_4$$

Im wasserfreien Zustand ist H_3PO_4 fest (farblose Kristalle, F_p 342°). Während Stickstoff in der Oxydationsstufe +5 die Salpetersäure HNO_3 bildet, betätigt Phosphor in seiner Sauerstoffsäure die Koordinationszahl 4 gegenüber Sauerstoff. Eine monomere HPO_3 (entspr. HNO_3) gibt es nicht. H_3PO_4 ist eine dreibasige Säure. Die Dissoziationskonstanten liegen sehr weit auseinander, so daß man die einzelnen Stufen getrennt titrieren und auch präparativ Salze aller drei Stufen isolieren kann.

$$H_3PO_4 \rightleftharpoons H_2PO_4^- + H^+ \qquad K_1 = 0{,}7 \cdot 10^{-2}$$

$$H_2PO_4^- \rightleftharpoons HPO_4^{2-} + H^+ \qquad K_2 = 8 \cdot 10^{-8}$$

$$HPO_4^{2-} \rightleftharpoons PO_4^{3-} + H^+ \qquad K_3 = 4 \cdot 10^{-13}$$

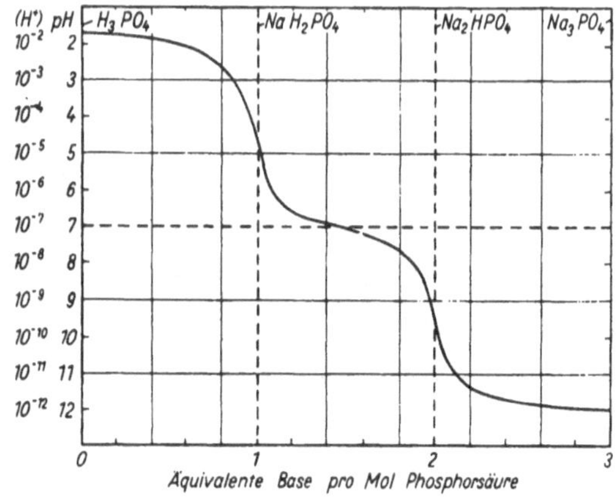

Titrationskurve für die Titration von Phosphorsäure mit einer starken Base (Konzentration 0,1 F)

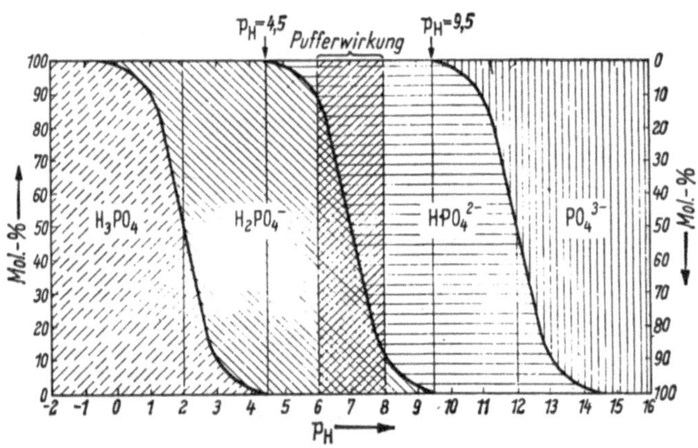

Abhängigkeit der Ionenkonzentrationen vom p_H-Wert in einer Phosphorsäure-(Phosphat-)lösung

Verwendung von Phosphaten als Düngemittel: Ca- und Ammoniumphosphate, Thomasmehl.

Erhitzt man ein Hydrogenphosphat, so geht es unter Wasserabspaltung in ein Diphosphat über. Eine Wasserabspaltung aus 2 OH-Gruppen unter Ausbildung einer Sauerstoffbrücke bezeichnet man als Kondensation.

$$2\,HPO_4^{2-} \rightleftharpoons P_2O_7^{4-} + H_2O$$

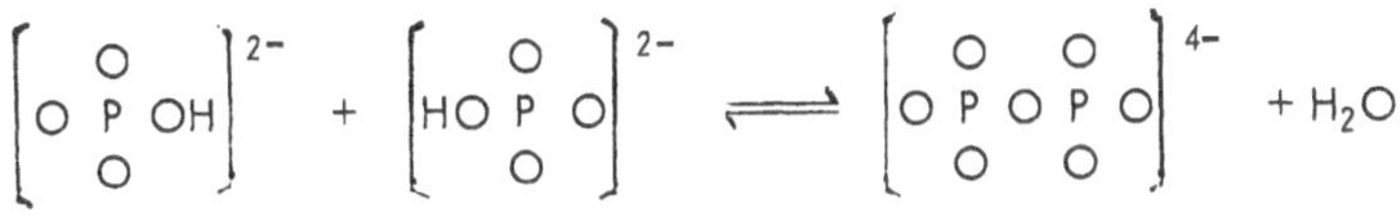

Erhitzt man ein Dihydrogenphosphat, so sind noch weitere Kondensationsvorgänge möglich. Es kommt zur Bildung von kettenförmigen Polyphosphaten oder ringförmigen Metaphosphaten.

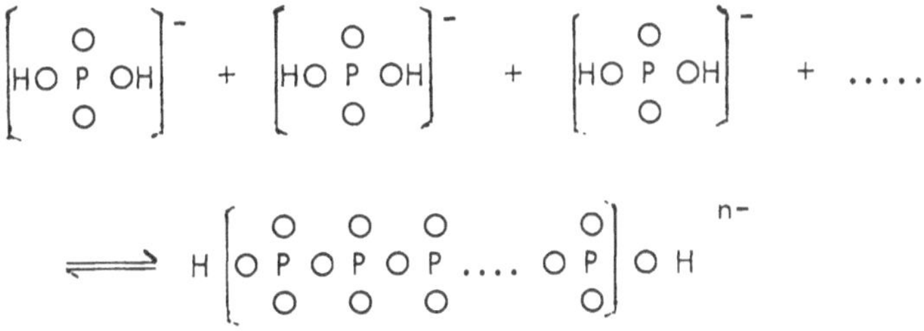

Die Anionen der Polyphosphate haben also die Formel

$$[(PO_3)_n \cdot H_2O]^{n-} ,$$

die der ringförmigen Metaphosphate $[(PO_3)_n]^{n-}$

z.B.

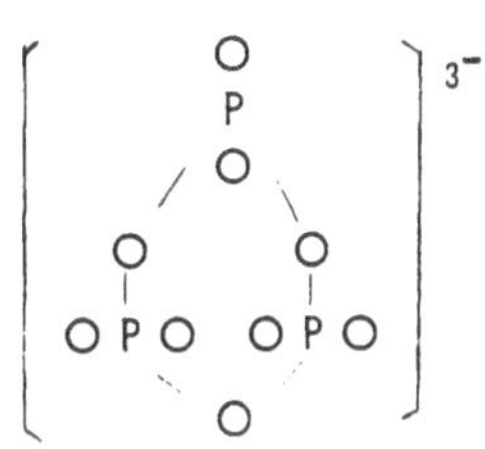

Die niedrigen Glieder der Polyphosphorsäuren (Di-, Triphosphorsäure) spielen eine große Rolle in der physiologischen Chemie (ADP, ATP usw.). Die hochmolekularen Polyphosphate werden heute in riesigen Mengen hergestellt für Waschmittel, Wasserenthärter, Konservierungsmittel usw..

Arsen

Arsen tritt, wie übrigens auch Antimon, in drei Modifikationen auf. Das gelbe Arsen hat eine analoge Struktur wie der weiße Phosphor, es besteht also aus As_4-Einheiten. Die beiden anderen grauen Modifikationen ähneln strukturell dem schwarzen Phosphor. Sie haben metallische Eigenschaften.

Arsen bildet mit Wasserstoff eine Verbindung AsH_3, analog dem NH_3 und PH_3, die aber viel instabiler ist. Sie entsteht, wenn man Arsen oder Arsenverbindungen mit Zn und HCl behandelt (Marsh'sche Probe). Durch ihre leichte Zersetzlichkeit in elementares Arsen und Wasserstoff ist der Nachweis leicht zu führen (Arsenspiegel).

Die wichtigste Arsenverbindung ist das Arsentrioxid, As_4O_6. Es ist dem P_4O_6 analog aufgebaut. In Wasser löst sich As_4O_6 nur sehr wenig. Es ist fraglich, ob eine arsenige Säure, H_3AsO_3, existiert. Es gibt aber Salze dieser Säure, und zwar von sämtlichen drei Dissoziationsstufen.

Vom fünfwertigen Arsen leitet sich das Oxid As_2O_5 ab (Struktur noch unklar). Es löst sich in Wasser unter Bildung von Arsensäure, H_3AsO_4. Sie ist der Phosphorsäure ähnlich, aber schwächer. Arsen bildet noch einige interessante Schwefelverbindungen, auf die hier aber nicht eingegangen wird. Zahlreiche organische Arsenverbindungen werden als Heilmittel verwendet, z.B. Atoxyl, Salvarsan usw..

Bei den Elementen Antimon und Wismut soll nur der Zusammenhang mit den anderen Elementen der 5. Hauptgruppe behandelt werden: Beide können ebenfalls in ihren Verbindungen in den Oxydationsstufen +3 und +5 vorliegen. Die Beständigkeit der Verbindungen mit der Oxydationsstufe +5 nimmt vom Stickstoff zum Wismut ab. Beim Wismut ist die Oxydationsstufe +3 stabiler als +5.

Der sau-re Charakter der Sauerstoffverbindungen nimmt vom N zum Bi stark ab. Antimon und besonders Bi sind schon basisch. Es gibt Kationen wie SbO^{3+}, Bi^{3+} und BiO^+.

Die Zunahme des Metallcharakters und die Abnahme der Stabilität der Hydride wurden schon erwähnt.

Elementares Antimon und Wismut werden als Legierungsbestandteile verwendet. (Letternmetall; niedrig schmelzende Wismutlegierungen für Sicherungen.)

Wismutverbindungen werden als Wundpuder verwendet (Dermatol), früher auch als Kontrastmittel bei Röntgenaufnahmen.

Die III. Hauptgruppe

Elektronenanordnung

Bor

Borhalogenide	
Struktur	
Borane	Mehrzentrenbindung
Borsäure	Polymerisation über Wasserstoffbrücken
Polyborsäuren, Borax	Strukturwasser und Kristallwasser
Aluminium	
Vorkommen und Verwendung	
Aluminiumhydroxid	amphoteres Verhalten

Die Elemente der 3. Hauptgruppe sind Bor, Aluminium, Gallium, Indium und Thallium. Während Bor in seinen 3 Modifikationen die Eigenschaften eines Halbmetalls hat (Halbleiter), sind die 4 anderen Elemente Metalle. Es soll hier nur Bor und Aluminium behandelt werden. Die Strukturen des elementaren Bors sind sehr kompliziert. Bor ist nach dem Kohlenstoff (Diamant) das härteste Element. Das Boratom hat in seiner Valenzelektronenschale 3 Elektronen, 2 s-Elektronen und 1 p-Elektron.

Die einfachste denkbare Wasserstoffverbindung, BH_3, gibt es nicht. Ionisch könnte eine solche Verbindung nicht aufgebaut sein, weil B und H fast die gleiche Elektronegativität besitzen. Aber auch eine kovalente Bindung

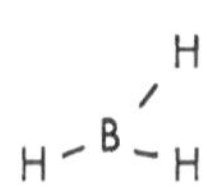

ist nicht gut denkbar. Der Elektronenmangel am B-Atom und somit das Bestreben, sich mit anderen Ionen oder Molekülen zu verbinden, die freie Elektronenpaare besitzen, ist zu groß.

Es gibt aber z.B. das Anion

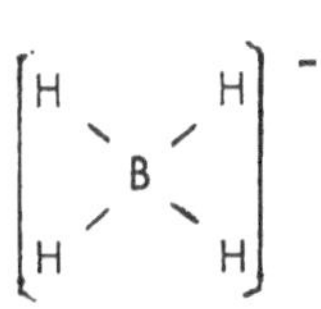

Mit Elementen, die viele Valenzelektronen besitzen, existieren beständige Verbindungen der Formel BX_3, z.B. Bortrichlorid

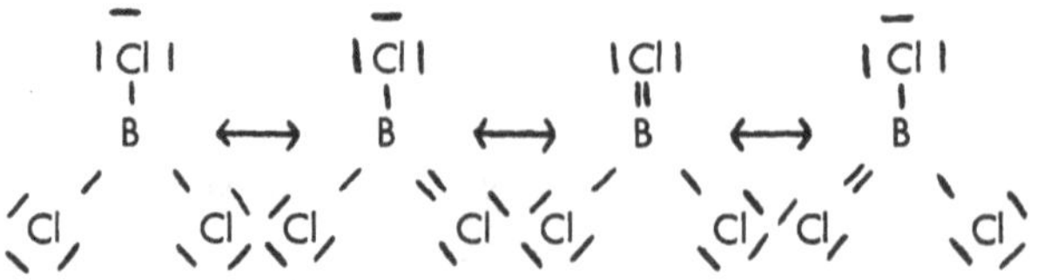

Trotz der bindungsmäßigen Schwierigkeiten existieren Hydride des Bors, z.B. das B_2H_6. Es hat räumlich folgende Struktur

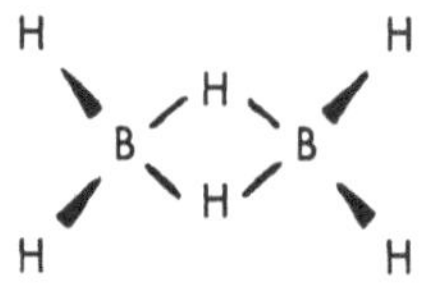

Die äußeren H-Atome liegen in einer Ebene senkrecht zur Papierebene; die 6 H-Atome sind nicht gleichartig gebunden.

Die Bindungsart in den Borwasserstoffen, die auf den Elektronenmangel zurückzuführen ist (3 Valenzelektronen, durch Ausbildung dreier Atombindungen ist kein Elektronenoktett erreichbar), ist nicht leicht zu verstehen. Die Brückenwasserstoffatome sind offenbar von 2 B-Atomen gleichzeitig gebunden (Mehrzentrenbindung).

Die MO-Theorie liefert eine Erklärung dafür. Am B-Atom bildet sich ein sp^3-Hybrid aus (Atomorbitalhybridisierung). Die Elektronendichte hat ihre Maxima in einer tetraedrischen Verteilung um das B-Atom. Jeweils zwei der 4 sp^3-Hybrid-AOs überlappen mit den s-Orbitalen der äußeren H.

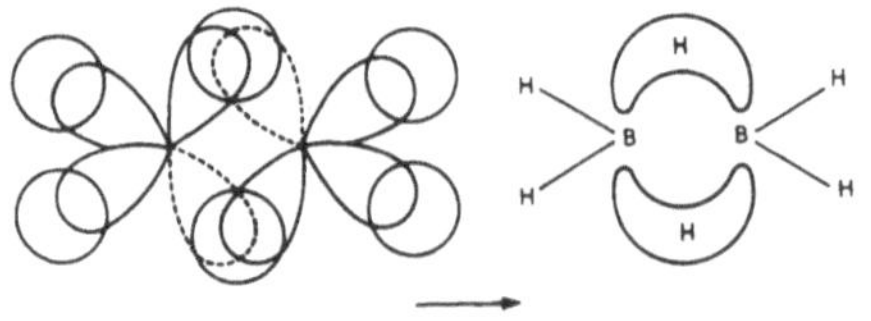

Dreizentrenbindung (Borane)

Von beiden B-Atomen überlappen dann die jeweils zwei restlichen sp^3-Hybrid-AOs mit den s-Orbitalen der beiden Brückenwasserstoffatome.

Es gibt nicht nur B_2H_6, sondern viele Borwasserstoffe, in denen diese Bindungsart vorliegt, die zu den vielfältigsten räumlichen Anordnungen führt. Ein Bild soll zeigen, was für Gebilde aus Bor und Wasserstoff entstehen können.

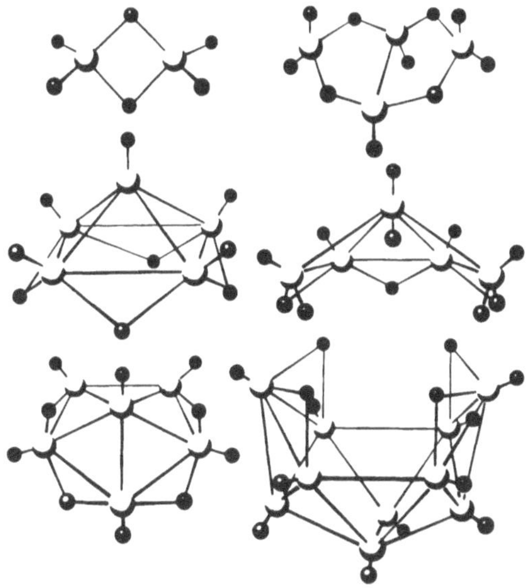

B_2H_6 B_4H_{10} B_5H_9 B_5H_{11} B_6H_{10} $B_{10}H_{14}$

Strukturen von Borhydriden

Obwohl bei dieser Art der Bindung Wasserstoffatome als Brückenatome fungieren, ist sie nicht zu verwechseln mit der sogenannten Wasserstoffbrückenbindung, die beim HF, beim H_2O usw. vorliegt und die nur bei Elementen mit sehr hoher Elektronegativität auftritt.

Die bekannteste Sauerstoffverbindung des Bors ist die Borsäure H_3BO_3. Sie ist eine farblose, kristalline Verbindung. Da sie polymer ist, muß ihre Formel richtiger $[B(OH)_3]_n$ geschrieben werden.

Im Kristall sind $B(OH)_3$ Einheiten über Wasserstoffbrückenbindungen zu Schichten verbunden.

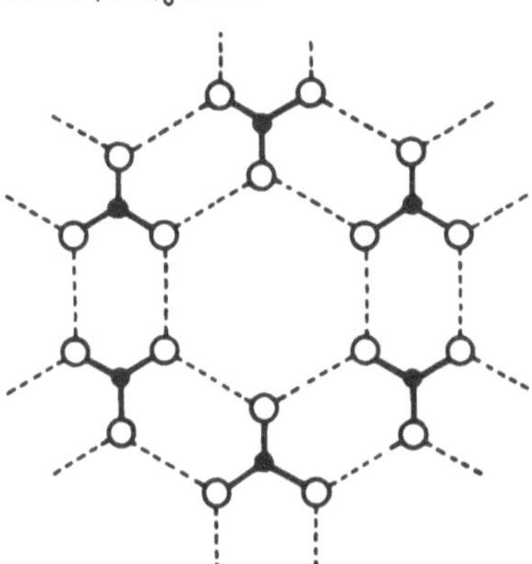

Struktur der H_3BO_3

Borsäure ist eine sehr schwache Säure. Ihre wäßrige Lösung greift die Haut nicht an. Deshalb benutzt man sie zum Neutralisieren von Alkalien bei Haut- und hauptsächlich bei Augenverletzungen (Borwasser).

Borsäure hat die Fähigkeit, ebenso wie die Phosphorsäure, unter Kondensation mit sich selbst zu reagieren. Ein Unterschied gegenüber der Phosphorsäure besteht insofern, als die Borsäure schon in wäßriger, schwach alkalischer Lösung kondensiert, während sich kondensierte Phosphate erst beim Erhitzen bilden. Bei der Kondensation der Borsäure können die unterschiedlichsten Strukturen entstehen; Ketten-, Ring- und Raumnetzstrukturen, aber auch sogenannte Inselstrukturen, ähnlich den Metaphosphaten. Ein bekanntes Salz einer kondensierten Borsäure ist der Borax, $Na_2B_4O_7 \cdot 10\,H_2O$ bzw. $Na_2B_4O_5(OH)_4 \cdot 8\,H_2O$

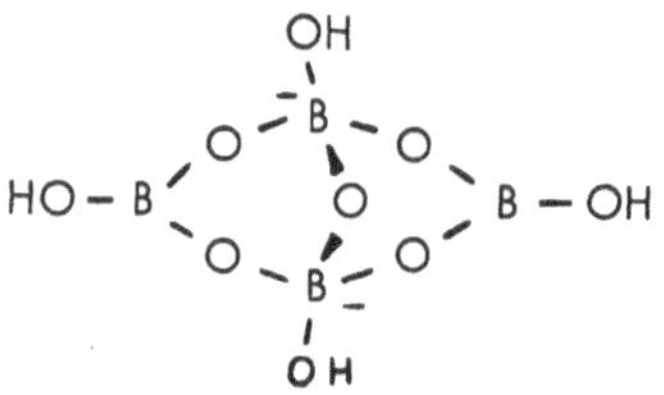

Aluminium

Aluminium ist bekanntlich ein wichtiges Gebrauchsmetall. Daß man es so vielseitig verwenden kann, obwohl es ein sehr unedles Metall ist (ϵ_o = - 1,69 V), verdankt es der Stabilität seines Oxids, Al_2O_3. Das Metall überzieht sich an der Luft sofort mit einer dünnen Schicht von Al_2O_3, die es vor jedem weiteren Angriff schützt. Al_2O_3 ist in Wasser praktisch unlöslich. In der Natur findet man Al in Form von Hydroxiden und Oxidhydroxiden, $Al(OH)_3$ und $AlO(OH)$.

Das wichtigste Aluminiummineral ist der Bauxit. Dargestellt wird Aluminium durch Schmelzflußelektrolyse.

Aluminiumhydroxid ist amphoter. In Säuren löst es sich, aus den Lösungen lassen sich Salze kristallisieren.

$$Al(OH)_3 + 3\,HCl \rightleftharpoons Al^{3+} + 3\,Cl^- + 3\,H_2O$$

In Alkalien löst sich $Al(OH)_3$ unter Bildung von Hydroxokomplexen.

$$Al(OH)_3 + Na^+ + OH^- \rightleftharpoons Na^+ + Al(OH)_4^-$$

Neutralisiert man saure oder alkalische Aluminiumlösungen, so fällt das Hydroxid aus (Gleichgewichtsverschiebung). Aluminiumhydroxid ist wasserunlöslich. Es bildet nicht, wie die Alkalihydroxide, ein Ionengitter, sondern ein Atomgitter mit Raumnetzstruktur.

Ein typischer Fall eines solchen Atomgitters wird bei der Besprechung des nächsten Elementes, des Kohlenstoffs, zu behandeln sein.

Die IV. Hauptgruppe

Elektronenanordnung	
metallischer Charakter	
Tendenz zur Ionenbildung	
Kohlenstoff	
Struktur von Diamant und Graphit	sp^3-, sp^2, sp-Hybridisierung
Kohlenwasserstoffe	
Graphitverbindungen	
Aktivkohle	Adsorption, Langmiur'sche Adsorptionsisotherme
Kohlenoxid und Kohlendioxid	
physikalische Eigenschaften	Isoster und isoelektronisch
Strukturen	
chemische Eigenschaften	
Lösung von CO_2 in H_2O	
Oxydationsvermögen von CO_2	
Reduktionsvermögen von CO	
Boudouard Gleichgewicht	
Assimilation	photochemische Reaktionen Energie von Photonen
Tetrachlorkohlenstoff	
Schwefelkohlenstoff	
Harnstoff	
Phosgen	Säurederivate
Blausäure	CO- und Cyanokomplexe
Silicium	
Struktur	
Halogenide	

Silicide

Silane

deren Hydrolyse

Siliciumdioxid

Struktur und Modifikationen

Quarzglas

Reaktion mit HF

Struktur von Silikaten

Germanium

Verwendung — Halbleitfähigkeit

Zinn

Modifikationen, Verwendung

Blei

Verwendung als Strahlenschutz — Adsorption von Strahlung

Wirkungsweise des Bleiakkus

Die IV. Hauptgruppe des Periodensystems umfaßt die Elemente Kohlenstoff, Silicium, Germanium, Zinn und Blei. C ist ein typisches Nichtmetall, Si hat bereits ganz schwach metallische Eigenschaften, Germanium ist ein Halbmetall, Zinn und Blei sind Metalle, wobei allerdings vom Zinn noch eine Modifikation existiert, die weitgehend nichtmetallischen Charakter hat.

Die Valenzelektronenanordnung der Elemente ist s^2p^2.

Ein Erreichen der Edelgaskonfiguration wäre durch Abspaltung oder durch Aufnahme von 4 Elektronen möglich. Beides ist etwa gleich unwahrscheinlich. So bildet Kohlenstoff niemals Ionen C^{4+} und auch die Verbindungen mit Alkalimetallen, die Alkalicarbide, enthalten keine C^{4+}-Ionen, sondern die Bindung hat weitgehend kovalente Anteile.

Bei den schwereren Elementen wird die Ionenbildung zwar wahrscheinlicher, weil bekanntlich das Ionisierungspotential mit steigender Atomgröße innerhalb einer Gruppe abnimmt, aber auch Zinn und Blei bilden kaum Ionen Sn^{4+} und Pb^{4+}. Es existieren zwar zahlreiche Verbindungen von sogenanntem vierwertigen Zinn und Blei, aber auch in diesen Verbindungen liegen weitgehend kovalente Bindungen vor. Man sollte also besser von den Oxydationsstufen +4 sprechen. Zinn und Blei bilden jedoch zweiwertige Kationen Sn^{2+}

und Pb^{2+}. Das zweite Ionisierungspotential der Elemente ist bedeutend niedriger als das dritte, was auf den höheren Energieinhalt der beiden p-Elektronen der Valenzelektronenschale gegenüber den beiden s-Elektronen zurückzuführen ist.

Einfach geladene Ionen bildet in Verbindungen sogar der Kohlenstoff: Carboniumionen $\geq C^{+}$ und Carbanionen oder Carbeniationen $\geq C|^{-}$.

Vorherrschend sind aber zumindest bei den leichteren Elementen der Gruppe, bei C, Si und Ge, Verbindungen mit kovalenter Bindung.

Kohlenstoff

Kohlenstoff findet man in der Natur in elementarer Form in den beiden Modifikationen Diamant und Graphit, anorganisch gebunden als CO_2 in der Luft und in Wasser, ferner in Gesteinen als Carbonat. Organisch gebunden liegt der Kohlenstoff als Mineral im Erdöl und in den Kohlen (Braunkohle, Steinkohle, Anthrazit) vor. Schließlich kommt der Kohlenstoff in der "Biosphäre", also in der Pflanzen- und Tierwelt, in so zahlreichen Verbindungen vor, daß man sich gezwungen sah, die Chemie der Kohlenstoffverbindungen aus Gründen der Übersichtlichkeit besonders abzuteilen. Es ist nicht ganz leicht, diese sogenannte organische Chemie (Chemie der Kohlenwasserstoffe und ihrer Derivate) konsequent von der anorganischen zu trennen. Es gibt selbstverständlich nur eine Chemie, die organische folgt den gleichen Grundgesetzen wie die anorganische. Einige organische Verbindungen werden - um die Zusammenhänge zu verstehen - nachfolgend behandelt werden.

Es stellt sich die Frage, welche Wasserstoffverbindung wohl vom Kohlenstoff zu erwarten ist und wie sie aufgebaut sein wird.

Wenn man an die Elektronenkonfiguration des C denkt, könnte man eine Verbindung CH_2, mit einem 90°-Winkel zwischen den H-Atomen erwarten.

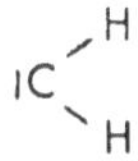

Sie sollte allerdings instabil sein, weil die Gesamtvalenzelektronenzahl am C nur 6 beträgt, nicht 8. Aus diesem Grunde werden vielleicht auch die s-Elektronen mit den Elektronen von H-Atomen überlappen, und es wird sich CH_4 bilden. Hierbei sollte man aufgrund der Geometrie der p-Orbitale auch einen 90°-Winkel erwarten, die s-Orbitale müßten sich nach anderen Gesichtspunkten ordnen. Am wahrscheinlichsten wäre dann wohl ein CH_4, bei dem sämtliche Atome in einer Ebene liegen

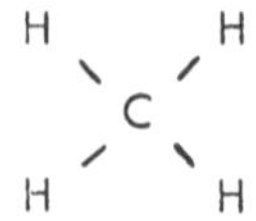

In Wirklichkeit gibt es zwar ein CH_4, aber die Atome liegen nicht in einer Ebene, sondern die H-Atome besetzen die Ecken eines Tetraeders um das Kohlenstoffatom herum.

Um dies zu erklären, muß wieder eine Hybridisierung der Atomorbitale in Betracht gezogen werden. Das einfachste Beispiel Methan, CH_4, soll dazu benutzt werden, um diese Hybridisierung etwas näher anzusehen. Am einfachsten ist es, wenn man ein Gedankenexperiment durchführt. Man nehme an, ein Kohlenstoffatom werde vor der Verbindungsbildung in einen angeregten Zustand überführt, ein s-Elektron werde in ein p-Niveau angehoben:

Das C-Atom hat dann die Elektronenanordnung sp^3. Damit erklären sich zwar 4 Bindungen, aber diese wären ungleichartig.

Es existiert aber offenbar, und das läßt sich auch rechnerisch zeigen, ein energetisch begünstigter Zustand, in dem die 4 Elektronenfunktionen gleichartig werden, d.h. ihre Eigenart, s- oder p-Elektronen zu sein, verlieren. Man nennt dies "entarten". "Entartung" bedeutet also bei Elektronen eine Angleichung des Energiezustandes. Es entstehen vier untereinander gleichartige Elektronenfunktionen mit einer neuen Geometrie. Die Maxima der Elektronendichte zeigen die höchstmögliche Symmetrie, sie liegen in den Ecken eines Tetraeders um das C-Atom. Man bezeichnet solche durch Hybridisierung von Atomorbitalen entstandenen Elektronen als q-Elektronen. Der hier beschriebene Weg ist der Weg, der bei der Berechnung eingeschlagen wird.

Zum besseren Verständnis der "Hybridisierung" möge man die folgenden Fragen und Antworten durchdenken.

1. Warum tritt eine Hybridisierung ein?

   Antwort: In einer Verbindung versucht ein Atom nicht nur seine Elektronen, sondern auch seine Liganden so symmetrisch wie möglich anzuordnen. Die höchste

Elektronensymmetrie (Grundzustand des Atoms) gestattet nicht immer eine maximale Überlappung, wenn auch die Liganden die höchstsymmetrische Anordnung haben.

2. Welche Arten der Hybridisierung sind prinzipiell möglich? Das ist ein Permutationsproblem.

Welche treten praktisch auf?

(Beispiel Kohlenstoff)

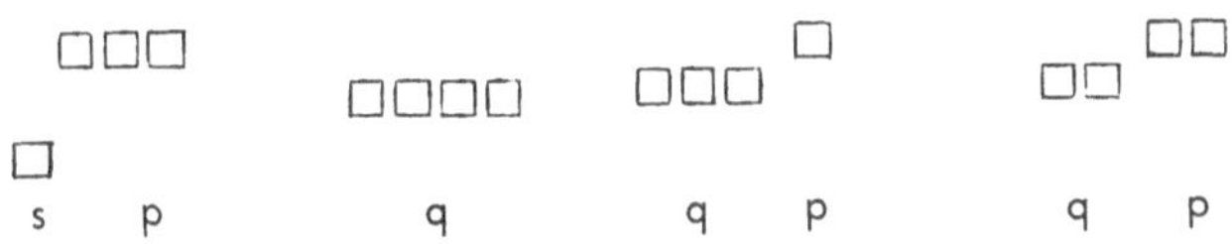

Grundzustand 1. Fall 2. Fall 3. Fall

Im ersten Fall bilden alle 4 Orbitale (ein s-, drei p-Orbitale) einen Mischzustand (sp^3-Hybrid). Das wird bevorzugt geschehen, wenn ein C-Atom 4 Partner hat >C< . Sie werden tetraedrisch angeordnet.

Im zweiten Falle verschmilzt ein s-Orbital mit zwei p-Orbitalen (sp^2-Hybrid). Bevorzugt bei drei Bindungspartnern:

>C=

Die Liganden werden unter 120°-Winkeln angeordnet werden.

Im dritten Falle verschmelzen ein s- und ein p-Elektron (sp-Hybrid) Bevorzugt bei 2 Bindungspartnern:

so −C≡ oder so =C= (180°-Winkel)

Der Hybridzustand ist (für das einzelne Atom betrachtet) stets energiereicher als der Grundzustand. Die Promotionsenergie muß aus der Bindungsenergie geliefert werden.

3. Was führt zu einer bestimmten Art der Hybridisierung (Problem des Bindungswinkels)?

a) Zahl und Art der Liganden (Überlappung)

b) Größe der Promotionsenergie

c) Wechselwirkungskräfte zwischen den Liganden

4. Zu welchem Zeitpunkt einer Verbindungsbildung tritt Hybridisierung ein?

Diese Frage soll nur das Problem erhellen. Sie läßt sich nicht beantworten, die Antwort ist auch nicht wichtig.

Beispiel: Ein C-Atom nehme ein H-Atom auf: IC·–H I. Es kann den Grundzustand beibehalten, dann wird das nächste H-Atom unter einem 90°-Winkel eintreten:

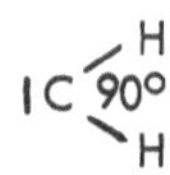

II.

Es ist aber auch möglich, daß I. bereits mit seiner Symmetrie unzufrieden ist und daher bereits hybridisiert, etwa so

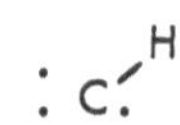

usw.

Obwohl also die Kinetik des Vorganges unbekannt ist, kann man ihn thermodynamisch behandeln (vgl. Heß'scher Satz).

In den Modifikationen des elementaren Kohlenstoffs findet man die sp^3- und die sp^2-Hybridisierung.

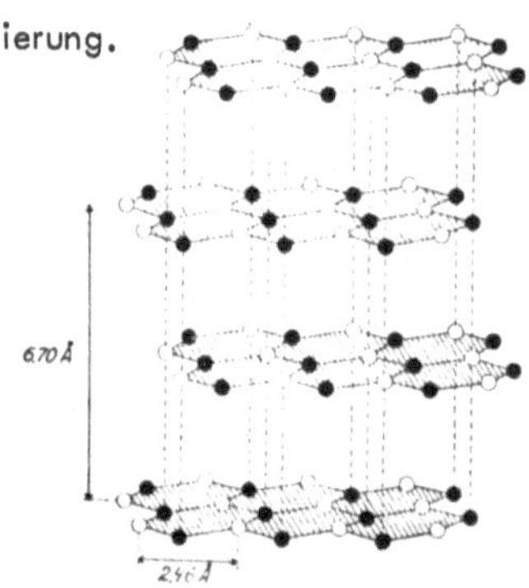

Kristallgitter des Graphits

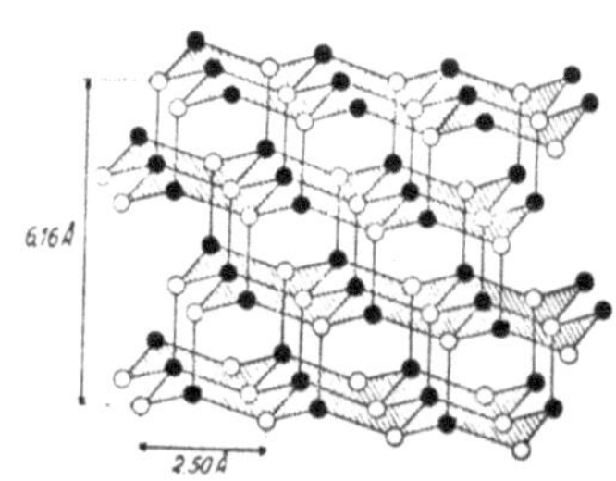

Kristallgitter des Diamanten

Zur Diamantstruktur: Jedes C-Atom ist von 4 anderen in tetraedrischer Anordnung umgeben. Dabei bildet sich ein hochsymmetrisches Netzwerk aus. Sehr feste Bindungen, keine elektrische Leitfähigkeit, hohe Härte (Schleifmittel). Hohe Lichtbrechung (Schmuckstein); das Gewicht von Brillanten wird in Karat gemessen (1 Karat ≙ 0,205 g). Typisches Atomgitter, hoher Schmelzpunkt.

Graphit: Durch die sp^2-Hybridisierung 120°-Winkel, das führt zwangsläufig zu Sechsringen. Diese sind zu Schichten vereinigt (Schichtengitter). Das 4. Elektron pro C-Atom ist "delokalisiert". Metallähnliche Eigenschaften, Leitfähigkeit. Die elektrische Leitfähigkeit ist anisotrop. (In verschiedenen Raumrichtungen unterschiedliche Eigenschaften.) Schichtengitter bilden sich aus, wenn Bindungen in verschiedenen Raumrichtungen ungleichartig sind.

C-C-Abstände	im Diamant	1,53 A
	im Graphit-Sechsring	1,42 A
	im Graphit zwischen den Schichten	3,35 A

Graphit ist parallel zu seinen Schichtebenen leicht spaltbar. Die Unterschiedlichkeit der Bindungsstärke innerhalb und zwischen den Schichten führt dazu, daß Graphit chem. Reaktionen geben kann, bei denen die Struktur innerhalb der Schichten erhalten bleibt.

Graphitverbindungen mit Anionen wie HSO_4^-, NO_3^-, ClO_4^-; mit Alkalimetallen z.B.: Kalium; mit Fluor, wobei die Schichten gewellt werden, ähnlich wie im Diamanten, weil Fluor mit C Atombindungen ausbildet. Graphit kann künstlich hergestellt werden aus Koks und Sand. Zwischenprodukt ist Siliziumcarbid

$$SiO_2 + 3\,C \rightleftharpoons SiC + 2\,CO$$

$$SiC \rightleftharpoons Si + C \qquad \text{über } 2200^\circ C$$

Ein sehr f-einverteilter graphitischer Kohlenstoff ist Ruß.

Auch Diamant läßt sich synthetisch darstellen. Es ist allerdings nicht möglich, beliebig große Kristalle zu erhalten. Da Diamant eine viel größere Dichte hat als Graphit (Diamant 3,51, Graphit 2,17), benötigt man zur Darstellung sehr hohe Drücke > 5000 Atm. Thermodynamisch ist Graphit die stabilere Modifikation, die Umwandlung Diamant $\longrightarrow$ Graphit ist schwach exotherm.

$$C_{Diamant} \longrightarrow C_{Graphit} + 0{,}2\ \text{kcal}$$

Die Umwandlungswärme ist wieder aufgrund des Heß'schen Satzes aus den Verbrennungswärmen von Diamant und Graphit bestimmt worden.

Sehr fein verteilter Graphit, wie man ihn durch Verkohlung von Holz, Stroh, Kokosnußschalen, Zucker, Blut usw. erhält, wird als Aktivkohle bezeichnet.

Infolge der Kleinheit ihrer Kriställchen und ihres lockeren, porösen Aufbaus hat die Aktivkohle eine riesige innere Oberfläche mit vielen freien Valenzen. 1 Gramm Aktivkohle hat eine Gesamtoberfläche von ~ 300 m^2. Durch die freien Valenzen ist eine Bindung von Fremdstoffen möglich. So kann man mit Aktivkohle (aber auch mit anderen sehr fein verteilten Feststoffen) Gase aus Gasgemischen oder gelöste Stoffe aus Lösungen adsorbieren.

Die Frage, welcher Stoff aus einem Stoffgemisch bevorzugt adsorbiert wird, hängt von der chemischen Natur und, besonders bei Gasen, auch vom Molgewicht ab (Zusammenhang mit Diffusionsphänomenen).

Den Zusammenhang zwischen der adsorbierten Menge und der Konzentration des zu adsorbierenden Stoffes gibt die Langmuirsche Adsorptionsisotherme an.

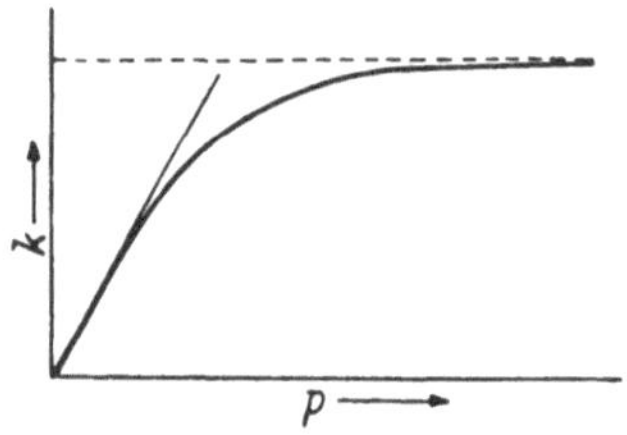

Langmuirsche Adsorptionsisotherme

Bei niedrigen Konzentrationen (bei Gasen: Drucken) nimmt die Adsorption proportional der Konzentration zu (analog dem Henry'schen Gesetz). Dann gleicht sich die Kurve einem bestimmten Sättigungswert an, der der monomolekularen Belegung der Oberfläche entspricht.

Aktivkohle wird in Gasmaskenfiltern verwendet.

Verbindungen des Kohlenstoffs

Kohlenstoff bildet mehrere Oxide, von denen aber nur zwei von Bedeutung sind. Kohlendioxid, CO_2, und Kohlenmonoxid, CO. Kohlendioxid ist ein farbloses, schweres Gas (Dichte: 1,977 g/l). Es sammelt sich am Boden, wenn es aus natürlichen Quellen ausströmt (Hundsgrotte bei Neapel). CO_2 ist leicht zu verflüssigen, bei 0° benötigt man 34 atm. Festes CO_2 = Trockeneis, sublimiert bei -78,5 °C. In Stahlflaschen liegt es flüssig vor. Festes CO_2 dient im Gemisch mit organischen Lösungsmitteln wie Methanol, Aceton als

Kältebad.

Im CO_2 liegt, verursacht durch sp-Hybridisierung (∡ = 180°), eine lineare Anordnung der Atome vor. Die Sauerstoffe sind jeweils durch Doppelbindung mit dem dazwischenliegenden Kohlenstoff verbunden. CO_2 ist isoelektronisch und isoster (gleiche Gesamtzahl der Kernladungen) mit N_2O.

$$O = C = O$$

Festes CO_2 bildet Molekülgitter.

CO_2 löst sich leicht in Wasser, besonders unter Druck. Die wäßrige Lösung reagiert schwach sauer. Ein geringer Teil des CO_2 liegt nicht molekular gelöst vor, sondern reagiert chemisch mit den OH^- des Wassers

$$CO_2 + OH^- \rightleftharpoons HCO_3^-$$

in alkalischer Lösung dissoziiert HCO_3^- weiter unter Bildung von CO_3^{2-}

$$HCO_3^- + OH^- \rightleftharpoons CO_3^{2-} + H_2O$$

Gut löslich sind nur die Alkalikarbonate, Ammonium- und Mg-karbonat. Beim Einleiten von CO_2 in $Ca(OH)_2$ oder $Ba(OH)_2$-Lösung fällt Erdalkalikarbonat aus

$$Ba(OH)_2 + CO_2 \rightleftharpoons BaCO_3 + H_2O$$

Bei höheren Temperaturen wirkt CO_2 als Oxydationsmittel. So stellt sich zwischen C und CO_2 ein temperaturabhängiges Gleichgewicht ein, das sogenannte Boudouard-Gleichgewicht, das für technische Prozesse von sehr großer Bedeutung ist

$$41\ \text{kcal} + C + CO_2 \rightleftharpoons 2\ CO$$

Starke Reduktionsmittel, wie z.B. Mg, liefern eine so hohe Reaktionswärme, daß sie in einer CO_2-Atmosphäre verbrennen.

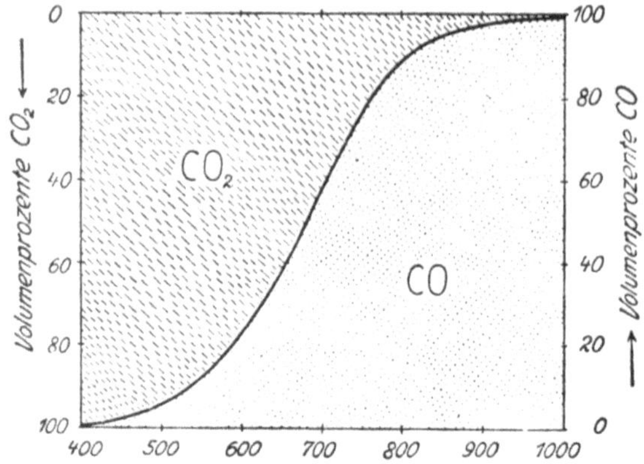

Volumenprozente Kohlenoxid und Kohlendioxid im Boudouard-Gleichgewicht bei 1 Atmosphäre Druck

$$94\,\text{kcal} + CO_2 \rightleftharpoons C + O_2$$

$$2\,Mg + O_2 \longrightarrow 2\,MgO + 288\,\text{kcal}$$

$$2\,Mg + CO_2 \longrightarrow 2\,MgO + C + 194\,\text{kcal}$$

Die Dissoziationsenergie von 94 kcal muß immer aufgebracht werden, wenn CO_2 oxydierend wirkt, wenn es also selbst reduziert wird. Das gilt auch für den Assimilationsvorgang, der ja für die lebende Natur von sehr großer Bedeutung ist. Die Pflanze assimiliert das CO_2. Die Dissoziationsenergie liefert das Sonnenlicht.

Bei Verbrennung von Kohlenstoff unter ungenügendem Sauerstoffzutritt entsteht Kohlenmonoxid, CO.

$$2\,C + O_2 \longrightarrow 2\,CO + 53\,\text{kcal}$$

$$(2\,CO + O_2 \longrightarrow 2\,CO_2 + 135\,\text{kcal})$$

CO ist ein farb- und geruchloses Gas, etwas leichter als Luft, stark giftig. Es ist schwer zu verflüssigen.

In seinen physikalischen Eigenschaften ähnelt es sehr dem Stickstoff. Das ist darauf zurückzuführen, daß das CO-Molekül dem N_2-Molekül analog aufgebaut ist. Zwischen C und O besteht eine Dreifachbindung. CO hat also die gleiche Atom- und Valenzelektronenzahl, CO und N_2 sind isoelektronisch und isoster.

In welcher Richtung CO ein Dipol ist oder ob überhaupt, ist schwierig vorherzusagen. Wenn man die Elektronegativität von C und O betrachtet, müßte das O das negative Ende eines Dipols sein. Wenn man andererseits aber sieht, daß aus Symmetriegründen die Elektronen zwischen C und O gleichmäßig verteilt sind, so daß beide eine Edelgaskonfiguration aufweisen, erkennt man, daß in diesem Fall C ein Elektron mehr und Sauerstoff eines weniger als im atomaren Zustand hat. Es ergäbe sich ein Dipol in umgekehrter Richtung. Im Gegeneinander dieser beiden Effekte überwiegt der letztere.

$$\overset{\delta-}{|C} \equiv \overset{\delta+}{O|}$$

Es resultiert ein Dipolmoment von 0,12 D.

Chemisch ist CO wegen der Polarität der Bindung reaktionsfähiger als N_2.

CO ist ein wirksames Reduktionsmittel. Gegenüber Luftsauerstoff ist es allerdings bei normaler Temperatur beständig. Oberhalb 700 °C verbrennt es mit blauer Flamme zu CO_2.

Ionen von Edelmetallen, wie z.B. Palladium, werden durch CO schon bei Raumtemperatur zum Metall reduziert.

Mit seinem freien Elektronenpaar am C-Atom kann sich CO leicht an Stoffe anlagern, die eine Elektronenlücke besitzen. CO bildet Komplexe mit zahlreichen Metallen der Nebengruppenelemente, sogenannte Carbonyle (s.S. 173).

Die Giftwirkung des CO ist darauf zurückzuführen, daß CO mit dem Blutfarbstoff Hämoglobin eine stabilere Komplexverbindung bildet als Sauerstoff und deshalb die Atmung blockiert.

CO spielt eine große Rolle für die Synthese organischer Verbindungen und als Reduktionsmittel bei der Darstellung von Metallen, z.B. beim Hochofenprozeß. Es ist Bestandteil vieler Industriegase. Es ist im Leuchtgas enthalten, und es wurde schon als Bestandteil des Wassergases und Generatorgases genannt.

Andere Kohlenstoffverbindungen

Kohlenstoff bildet mit fast allen Elementen des Periodensystems binäre Verbindungen. Nichtmetalle werden kovalent gebunden. Beispiele sind Tetrachlorkohlenstoff, CCl_4, und Schwefelkohlenstoff, CS_2. Die Verbindungen mit Metallen sind in Aufbau und Bindungsverhältnissen sehr unterschiedlich. Zum größten Teil haben die Metallcarbide den Charakter von Legierungen. Die Tatsache, daß sich Kohlenstoff mit den meisten Metallen verbindet, ist wichtig für die Metallurgie. Teilweise ist die Bildung von Carbiden bei der Metalldarstellung durch Reduktion von Metalloxiden mit Kohle erwünscht (Stahl), meist ist sie unerwünscht. Der salzähnliche Charakter der Carbide elektropositiver Metalle wurde schon erwähnt.

Es seien noch einige Derivate der Kohlensäure genannt. Als Säurederivate bezeichnet man Verbindungen, die sich von einer Sauerstoffsäure dadurch ableiten, daß OH-Gruppen durch andere Gruppen, z.B. NH_2-Gruppen oder Halogenatome ersetzt werden. So bilden sich, wenn man in der Kohlensäure OH-Gruppen durch NH_2-Gruppen formell ersetzt, die Carbaminsäure und Harnstoff.

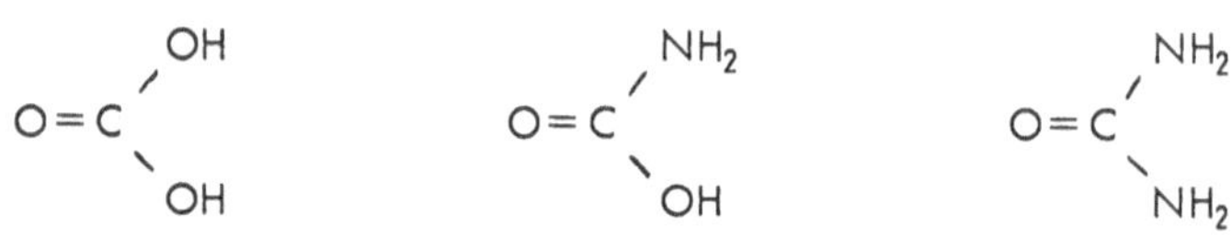

Durch Ersatz von OH mit Cl kommt man zur Chlorkohlensäure und zum giftigen Phosgen.

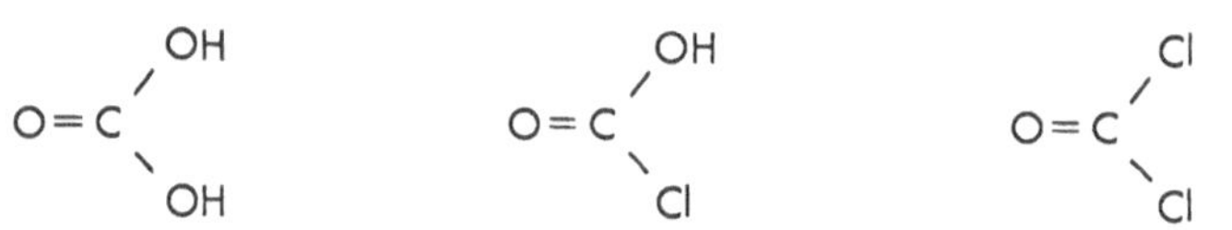

Eine wichtige stickstoffhaltige C-Verbindung ist die Blausäure, HCN. Es ist eine sehr schwache Säure, ihre Salze reagieren durch Hydrolyse stark alkalisch. Das Ion CN^- ist mit N_2 und CO isoster.

$$[:C:::N:]^-$$

CN^- bildet daher ebenso wie CO Komplexverbindungen mit Nebengruppenelementen, z.B. mit Eisen

$$[Fe(CN)_6]^{4-}$$

Alle weiteren C-Verbindungen werden in der organischen Chemie besprochen.

Daß Kohlenstoff so zahlreiche Verbindungen bildet, ist darauf zurückzuführen, daß er wie kein anderes Element die Fähigkeit besitzt, sich in praktisch unbegrenztem Umfange mit

C-Atomen unter Ausbildung von Ketten- und Ringstrukturen zu verbinden.

Silicium

Silicium ist nach dem Sauerstoff das häufigste Element der Erdrinde. Ein Viertel der Erdrinde besteht aus Silicium. Es liegt allerdings nie elementar vor, sondern in Form von Siliciumdioxid oder Silikatgesteinen. Das elementare Silicium bildet graue glänzende Kristalle, die sehr hart und spröde sind. Silicium kristallisiert im Diamantgitter. Es ist viel reaktionsfähiger als Kohlenstoff. Mit Halogenen reagiert es schon bei leichtem Erhitzen (mit Fluor sogar schon bei Raumtemperatur) zu den Halogeniden $Si(Hal)_4$.

Mit Metallen bilden sich leicht Silicide, die den Carbiden ähneln. Mit Kohlenstoff bildet Si Siliciumcarbid, SiC. Es ist wegen seiner Härte ein wichtiges Schleifmittel (Carborundum).

Auffallend ist auch seine chemische Stabilität und sein hoher Schmelzpunkt, wodurch es technisch viele Anwendungen findet (Silitöfen usw.). Feinverteiltes Silicium reagiert sogar schon mit Wasser unter Wasserstoffentwicklung

$$Si + 2\,H_2O \rightleftharpoons SiO_2 + 2\,H_2$$

Durch Zersetzung von Metallsiliciden mit Säure erhält man Silane, die Wasserstoffverbindungen des Siliciums. Es gibt neben dem Monosilan auch ebenso wie vom Kohlenstoff kettenförmige polymere Wasserstoffverbindungen. Die Kettenlänge ist aber sehr begrenzt und die Verbindungen sind sehr instabil. Schon das Monosilan, SiH_4, ist äußerst empfindlich gegenüber Hydrolyse.

Erklärung für die Hydrolyseempfindlichkeit:

1. Der Hydrolyse geht eine Hydratation voraus, die durch das Vorhandensein unbesetzter d-Niveaus möglich ist.
2. Hohe Bildungswärme der Si-O-Verbindungen (Stabilität der SiO-Bindung).

Sauerstoff-verbindung	kcal	Wasserstoff-verbindung	kcal	Verhältnis der Bildungswärme
CO_2	97	CH_4	20	5 : 1
SiO_2	203	SiH_4	10	20 : 1

Bildungswärmen von CO_2, SiO_2, CH_4, SiH_4

Siliciumdioxid

Es existieren 3 enantiotrope (wechselseitig ineinander umwandelbare) Formen, Quarz, Tridymit, Christobalit, die beiden letzteren sind metastabil. Die unterschiedliche Struktur des SiO_2 zum CO_2 ergibt sich daraus, daß Si aus bekannten Gründen keine $p_\pi - p_\pi$-Doppelbindungen ausbilden kann.

Die verschiedenen enantiotropen Formen des SiO_2

$$\alpha\text{ - Quarz} \underset{575^\circ}{\rightleftharpoons} \beta\text{ - Quarz} \underset{870^\circ}{\rightleftharpoons} \beta\text{ - Tridymit} \underset{1470^\circ}{\rightleftharpoons} \beta\text{ - Cristobalit} \underset{1705^\circ}{\rightleftharpoons} \text{Schmelze}$$

Die Umwandlungsgeschwindigkeiten sind äußerst gering. SiO_2-Schmelzen erstarren gewöhnlich amorph.

(Quarzglas, Quarzgut).
Quarzglas zeichnet sich durch seinen geringen thermischen Ausdehnungskoeffizienten aus.

Ferner ist es säurebeständig und UV-durchlässig (Quarzoptik).

SiO_2 ist chemisch sehr stabil. Es löst sich praktisch nur gut in HF. Bildung von SiF_4

$$SiO_2 + 4\,HF \rightleftharpoons SiF_4 + 2\,H_2O$$

Mit überschüssigem HF entsteht die stabile, komplexe H_2SiF_6. In Laugen löst sich SiO_2 sehr langsam (Silikatlösungen).

Aufbau der Silikate

Monokieselsäure, Dikieselsäure, Polykieselsäure,
Inselstrukturen, Ketten-, Band-, Blatt-Strukturen.
Alumosilikate, Zeolithe, Ionenaustausch.

An dieser Stelle seien die Begriffe Sol und Gel erklärt:

$$\text{Sol} \xrightarrow{\text{Koagulation}} \text{Gel}$$

Liegen in einer Lösung Teilchen vor, die größer als Molekülaggregate des Durchmessers = 10^{-7} cm (10 Å) und kleiner als 10^{-5} cm (1000 Å) sind, so spricht man von einem Sol. Die

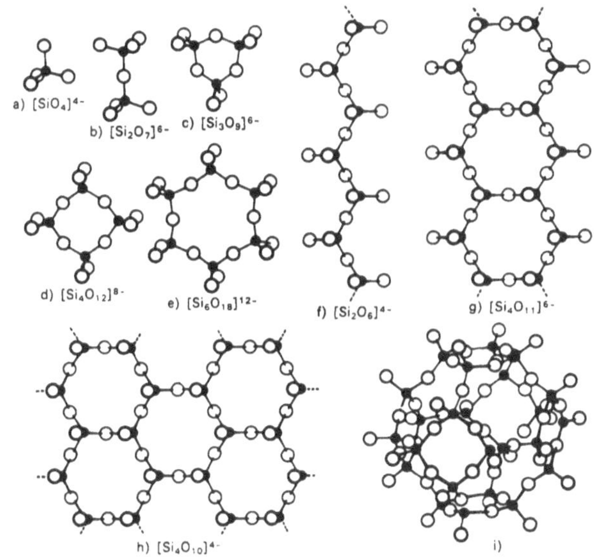

Verknüpfung der SiO_4-Tetraeder

a) inselartiges SiO_4^{4-}-Ion, b) zweikerniges $Si_2O_7^{6-}$-Ion, c) - e) ringförmige mehrkernige Komplex-Anionen, f) und g) SiO_4-Ketten, h) SiO_4-Netz, i) SiO_4-Gerüst

Struktur der Silikate

Teilchen sind in einem Mikroskop noch nicht sichtbar, bewirken aber gegenüber Teilchen in einer "echten" Lösung ($\varnothing < 10$ Å) den sogenannten Tyndall-Effekt: Ein durch ein Sol durchgehender Lichtstrahl bewirkt durch die Streuung an den Partikeln seitlich eine leuchtende Trübung.

Bei einigen Solen, deren Teilchen leicht Wassermoleküle adsorbieren, kann dieses Bestreben zur Anlagerung von Wasser so weit gehen, daß - wie z.B. bei konzentrierter Kieselsäurelösung - das Sol zu einer gallertartigen, wasserreichen Masse (Gel) erstarrt. Diesen Vorgang nennt man Koagulation.

Porzellan und andere keramische Artikel enthalten wechselnde Mengen SiO_2.

Germanium

Germanium ist eines der vielen Elemente, die kurz nach der Aufstellung des Periodensystems von Mendelejeff entdeckt wurden, und dessen Eigenschaften bereits mit großer Genauigkeit vorausgesagt worden waren.

Germanium ist ein typisches Halbmetall. Hochreines Germanium, das durch geringe Spuren von Fremdelementen dotiert ist (As, B usw.), besitzt große Bedeutung als Halbleiter (Transistoren).

Von den Verbindungen des Germaniums sei nur das Dioxid, GeO_2, erwähnt. Es hat saure Eigenschaften, in Laugen löst es sich unter Bildung von Germanaten.

Zinn

Vom Zinn existieren zwei metallische und eine halbmetallische Modifikation

$$\underset{\text{grau}}{\alpha\text{-Sn}} \underset{}{\overset{13{,}2^\circ C}{\rightleftharpoons}} \underset{\substack{\text{weiß}\\ \text{metallisch}}}{\beta\text{-Sn}} \overset{161^\circ C}{\rightleftharpoons} \underset{\substack{\text{grau}\\ \text{metallisch}}}{\text{Sn}}$$

Beim Aufbewahren von Zinngefäßen bei tiefen Temperaturen droht Umwandlung in die graue Modifikation (Zinnpest). Zinn ist ein sehr wichtiger Legierungsbestandteil. Es ist auch sehr gut für galvanische Überzüge geeignet.

Blei

Blei existiert nur in einer metallischen Modifikation (kubisch dichteste Kugelpackung). Es findet als Metall ausgedehnte Verwendung. In neuerer Zeit ist Blei wichtig geworden als Strahlenschutz. Es ist das billigste der Elemente mit hoher Ordnungszahl.

Von den technisch interessanten Verbindungen des Bleis sind zu erwähnen die Mennige, Pb_3O_4, sowie das Bleidioxid, PbO_2, und Bleisulfat, $PbSO_4$, die beide eine Rolle spielen im Bleiakkumulator.

Der Akkumulator ist ein umkehrbares galvanisches Element. Es spielen sich folgende Vorgänge ab:

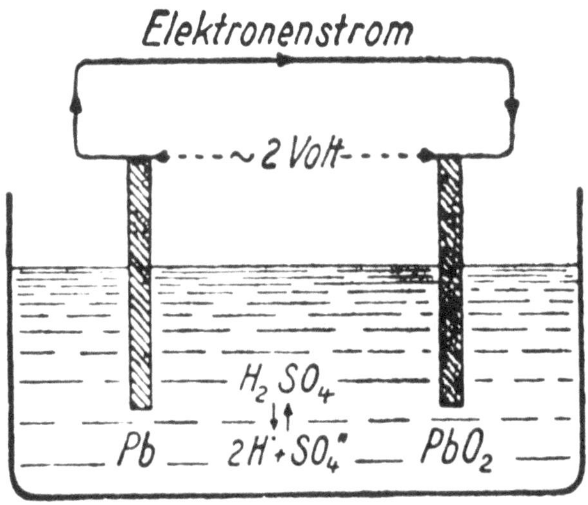

Schema des Bleiakkus

An der Bleiplatte (Kathode) - 0,355 V

$$Pb + SO_4^{2-} \underset{Lad.}{\overset{Entl.}{\rightleftharpoons}} PbSO_4 + 2\,e$$

An der PbO_2-Platte (Anode) + 1,685 V

$$2\,e + PbO_2 + 4\,H^+ + SO_4^{2-} \underset{Lad.}{\overset{Entl.}{\rightleftharpoons}} PbSO_4 + 2\,H_2O$$

Bei der Entladung wird H_2SO_4 verbraucht.

An dieser Stelle sollen einige Verfahren zur Metalldarstellung erwähnt werden:

Vorkommen von Schwermetallen in sulfidischer oder oxidischer Form. Oxide werden direkt reduziert, Sulfide werden zuerst geröstet. Z.B.:

$PbS + 1\frac{1}{2}\,O_2 \longrightarrow PbO + SO_2$ ("Rösten") danach

$PbO + CO \longrightarrow Pb + CO_2$ ("Reduktionsarbeit")

Dieses Verfahren wird "Röstreduktionsverfahren" genannt (vollständige Überführung des Sulfids in Oxid). Beim "Röstreaktionsverfahren" werden nur 2 Drittel des Sulfids durch Rösten in Oxid überführt. Unter Luftabschluß läuft danach folgende Reaktion ab:

$$PbS + 2\,PbO \longrightarrow 3\,Pb + SO_2 \qquad \text{(Reaktionsarbeit)}$$

Weitere Verfahren:

1.) Allgemein: Reduktion von Metalloxiden mit Kohle oder CO.

Hochofenprozeß

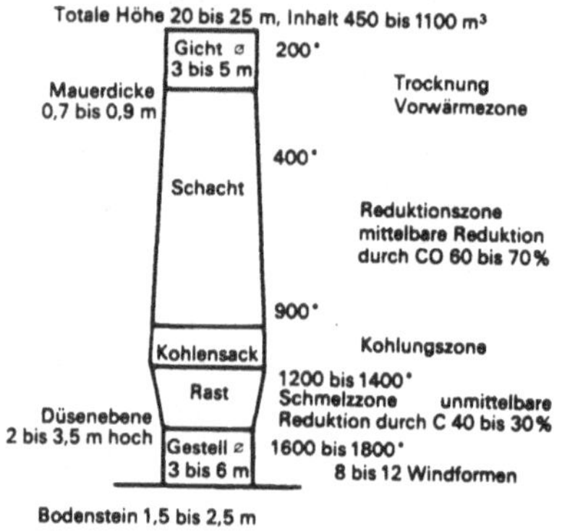

Zoneneinteilung des Hochofens

Reduktion mit Kohle ist ungeeignet bei Metallen, die Carbide bilden.

2.) Reduktion mit Wasserstoff (Wolfram usw.)

3.) Reduktion mit Aluminium.

Goldschmidt-Verfahren, hohe Bildungswärme des Al_2O_3.

4.) Elektrolytische Verfahren der Metalldarstellung.

a) Schmelzflußelektrolyse

b) Abscheidung aus wäßriger Lösung (Zn), Edelmetalle

c) Reinigung auf elektrolytischem Wege (Cu)

5.) Thermische Zersetzung leichtflüchtiger Metallverbindungen.

Halogenide (Arkel de Boer) z.B. Ti

Carbonyle (Mond-Verfahren) z.B. Ni

Die Übergangselemente

Elektronenanordnung

Radien der zweiwertigen Ionen der 1. Übergangsmetallreihe

Neigung zum Auftreten in verschiedenen Oxydationsstufen

Basizität der Hydroxide verschieden geladener Ionen eines Elements

Oxymetallate

Neigung zu Redoxreaktionen

Neigung zur Komplexbildung

Nachdem die Chemie der Hauptgruppenelemente in ihren Grundzügen besprochen worden ist, soll noch ein kurzer Überblick über die restlichen Elemente des Periodensystems, über die sogenannten Übergangselemente gegeben werden. Man teilt sie im allgemeinen ein in:

1. Nebengruppenelemente und
2. Lanthaniden und Actiniden.

Die Definition der Übergangselemente ist recht problematisch. Man sagt üblicherweise:

Übergangselemente sind solche Elemente, die in elementarer Form teilweise besetzte d-Niveaus (Nebengruppen) oder f-Niveaus (Lanthaniden und Actiniden) besitzen (s.S. 18).

Die Elemente Zn, Cd, Hg haben vollbesetzte d-Niveaus; dennoch ähneln sie in ihren Eigenschaften so sehr den Übergangsmetallen, daß es sinnvoll ist, sie im Zusammenhang mit ihnen zu behandeln.

Auch bei den Metallen der 1. Nebengruppe Cu, Ag und Au sind die d-Niveaus voll besetzt. Diese Elemente haben in der äußersten Schale nur <u>ein</u> s-Elektron. Das liegt daran, daß die vollständige Besetzung aller d-Orbitale einen besonders stabilen Zustand darstellt, ähnlich wie die vollständige Besetzung der p-Orbitale eine besondere Stabilität bedingt (Edelgaskonfiguration).

Die Elemente der ersten Übergangsperiode haben in Wirklichkeit also in der äußersten und zweitäußersten Schale folgende Elektronenkonfiguration:

	Sc	Ti	V	Cr	Mn	Fe	Co	Ni	Cu	Zn
4s	2	2	2	1	2	2	2	2	1	2
3d	1	2	3	5	5	6	7	8	1o	1o

Elektronenkonfiguration Sc - Zn

Interessant ist hier auch die Elektronenanordnung beim Cr. Auch das Vorhandensein von fünf d-Elektronen ergibt offenbar einen besonders stabilen Zustand. Das liegt daran, daß ein Satz von 5 d-Elektronen eine kugelsymmetrische Ladungsverteilung ergibt, weil gemäß der Hund'schen Regel jedes Orbital besetzt ist, wenn auch nur halb.

Den Einfluß der Besetzung der d-Orbitale auf die Symmetrie der Ladungsdichte kann man experimentell verfolgen. Das nächste Bild zeigt die Radien der zweiwertigen Ionen der Elemente Ca bis Zn, gemessen an Verbindungen, die sonst gleichen Aufbau haben (oktaedrische Komplexe). Diese Ionen haben 0 bis 10 d-Elektronen, die 4s-Elektronen sind bei der Ionenbildung abgespalten worden.

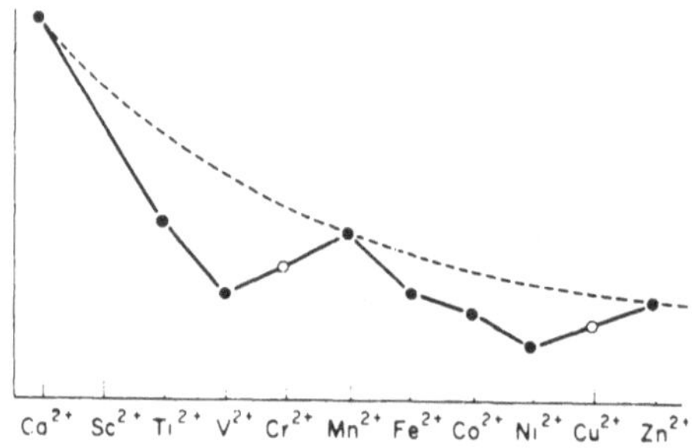

Relative Ionenradien zweiwertiger Ionen der 3d-Elemente. Die gestrichelte Linie stellt eine im Text erläuterte, theoretische Kurve dar

Die Radien von Ca^{2+}, Mn^{2+} und Zn^{2+} zeigen eine normale Kontraktion. Sie haben eine kugelsymmetrische Ladungsdichteverteilung. Bei den anderen Ionen mit zwei bis vier bzw. sechs bis neun d-Elektronen ist die Elektronendichte nicht kugelsymmetrisch verteilt. Sie wird gewissermaßen eiförmig, und deshalb können sich die Bindungspartner stellenweise dichter nähern. Da der Ionenradius durch den geringsten Abstand gegeben ist, den ein Bindungspartner annehmen kann, resultiert durchschnittlich ein kleinerer Radius als er bei Kugelform zu erwarten wäre.

Die geringen Energieunterschiede zwischen den s-Elektronen der äußeren Schale und den d-Elektronen der zweitäußeren Schale führen dazu, daß die Nebengruppenelemente in sehr verschiedenen Wertigkeiten bzw. Oxydationsstufen auftreten können. So kann z.B. Mn die Oxydationsstufen von 0 bis 7 annehmen.

Vergleicht man die Radien der Ionen eines bestimmten Elementes in verschiedenen Wertigkeitsstufen, so stellt man fest, daß der Radius mit steigender positiver Ladung immer kleiner wird. Die gleiche Kernladung wirkt auf immer weniger Elektronen ein und zieht demnach die Elektronenhülle zusammen.

Wie wird sich die Basizität der Hydroxide von verschieden geladenen Ionen eines Elementes, z.B. von $Fe(OH)_2$ und $Fe(OH)_3$ verhalten? $Fe(OH)_2$ ist stärker basisch, denn das Fe^{2+} ist größer als Fe^{3+}. Das OH^- wird also weniger stark angezogen. Mit zunehmend kleinerem Ionenradius wird die Bindung des Sauerstoffs an das Metallion immer stärker, so daß die Hydroxide erst amphoter, dann sauer werden. So ist $Mn(OH)_2$ basisch, das Hydroxid des vierwertigen Mangans amphoter, das des Mangans mit der Oxydationsstufe +7 sauer.

Hier tritt noch ein Problem auf. Theoretisch könnte Mangan mit der Oxydationsstufe +7 ein $Mn(OH)_7$ bilden. Das Mn^{7+} ist aber so klein, daß nicht alle 7 Sauerstoffatome Platz haben. Es wird deshalb Wasser abgespalten unter Bildung einer Permangansäure, $HMnO_4$.

In den hohen Oxydationsstufen bilden die Nebengruppenelemente stets Oxoanionen, z.B.

$$\overset{VI}{CrO_4^{2-}}, \quad \overset{VII}{MnO_4^{1-}}, \quad \overset{VI}{FeO_4^{2-}} \quad \text{usw.}$$

Besonders charakteristisch ist für die Nebengruppenelemente die Tendenz zur Bildung von Komplexverbindungen. Das liegt daran, daß unaufgefüllte d-Niveaus der zweitäußeren Schale, bzw. unaufgefüllte p-Niveaus der äußersten Schale vorhanden sind. Selbst die ungeladenen Metallatome (nicht nur Ionen) können Komplexverbindungen mit Ionen oder ungeladenen Molekülen bilden. Ein Beispiel für die letztere Möglichkeit ist das Nickeltetracarbonyl, $Ni(CO)_4$.

Da CO ein schwacher Donator ist, kann eine Überlappung des freien Elektronenpaares am C mit einem unbesetzten AO des Metallatoms alleine die Stabilität der Verbindung nicht erklären. Es tritt hier der Fall einer sogenannten Rückbindung ein (π-Bindung aus d-AO des Metallatoms und unbesetzten antibindenden π-AO des CO-Moleküls).

Zu erwähnen ist noch, daß die Ionen der Übergangsmetalle sehr leicht Redoxreaktionen ausführen, da sie ja in verschiedenen Wertigkeitsstufen auftreten können.

Denn:

Zunahme der positiven Ladung = Oxydation
Abnahme der positiven Ladung = Reduktion

Es wurden aus folgenden Werken Abbildungen übernommen:

Remy, H. (1965), Lehrbuch der Anorganischen Chemie, Band I, Akademische Verlagsgesellschaft Geest u. Portig KG, Leipzig

Schmidt, M. (1967), Anorganische Chemie I, Bibliographisches Institut AG, Mannheim

Kaufmann, H., Jecklin, L. (1969), Grundlagen der anorganischen Chemie, Birkhäuser Verlag, Basel

Cotton, F.A., Wilkinson, G. (1967), Anorganische Chemie, Verlag Chemie GmbH, Weinheim/Bergstraße

Pauling, L. (1962), Chemie - eine Einführung, Verlag Chemie GmbH, Weinheim/Bergstraße

Pauling, L. (1962), Die Natur der chemischen Bindung, Verlag Chemie GmbH, Weinheim/Bergstraße

Anorganikum - Lehr- und Praktikumsbuch der anorganischen Chemie mit einer Einführung in die physikalische Chemie (1967), VEB Deutscher Verlag der Wissenschaften, Berlin

Brdicka, R. (1965), Grundlagen der physikalischen Chemie, VEB Deutscher Verlag der Wissenschaften, Berlin

Organikum (1967), VEB Deutscher Verlag der Wissenschaften, Berlin

Christen, H.R. (1968), Grundlagen der allgemeinen und anorganischen Chemie, Sauerländer AG, Aarau

Westphal, W.H. (1950), Physik, Springer Verlag, Heidelberg

Holleman-Wiberg (1971), Lehrbuch der Anorganischen Chemie, Walter de Gruyter u. Co., Berlin

Jander, G., Jahr, K.F., Knoll, H. (1969), Maßanalyse - Theorie und Praxis der klassischen und elektrochemischen Titrierverfahren, Sammlung Göschen, Walter de Gruyter u. Co., Berlin

FSC
www.fsc.org
MIX
Papier | Fördert gute Waldnutzung
FSC® C083411

Zeitfracht Medien GmbH
Ferdinand-Jühlke-Straße 7
99095 Erfurt, Deutschland
produktsicherheit@kolibri360.de